Cinema 4D 2023
入门教程

任媛媛 编著

U0264896

人民邮电出版社

北 京

图书在版编目（CIP）数据

Cinema 4D 2023入门教程 / 任媛媛编著. -- 北京：
人民邮电出版社，2024.6
ISBN 978-7-115-63616-4

Ⅰ. ①C… Ⅱ. ①任… Ⅲ. ①三维动画软件—教材
Ⅳ. ①TP391.414

中国国家版本馆CIP数据核字（2024）第021050号

内 容 提 要

这是一本全面介绍 Cinema 4D 2023 基本功能及实际应用的书，主要针对零基础读者展开讲解，可帮助读者快速、全面地掌握 Cinema 4D 2023。

本书共 12 章，内容包括 Cinema 4D 2023 的界面与基本操作，以及建模、摄像机、灯光、材质与纹理、渲染、毛发、粒子、动力学和动画等技术要点。第 1 章讲解软件界面和常用操作，帮助读者快速熟悉软件的操作方法，为后续的学习打下基础。第 2~11 章以课堂案例为主线，通过对各个案例的实际操作进行讲解，帮助读者快速上手，熟悉软件功能和制作思路。第 2~12 章设有课后习题，可以帮助读者提高实际操作能力。第 12 章中的案例都是在实际工作中经常会遇到的项目类型，可以起到强化训练的作用。

本书附带学习资源，内容包括课堂案例、课后习题和综合案例的实例文件和在线教学视频，以及教师专享的 PPT 教学课件。

本书讲解模式新颖，非常符合读者学习新知识的思维习惯，既适合作为初学者学习 Cinema 4D 2023 的入门参考书，又可作为相关院校和培训机构的教材。

◆ 编　著　任媛媛
责任编辑　张丹丹
责任印制　陈　犇

◆ 人民邮电出版社出版发行　　北京市丰台区成寿寺路 11 号
邮编　100164　电子邮件　315@ptpress.com.cn
网址　https://www.ptpress.com.cn
北京捷迅佳彩印刷有限公司印刷

◆ 开本：700×1000　1/16
印张：13.75　　　　　　　　2024 年 6 月第 1 版
字数：368 千字　　　　　　　2025 年 4 月北京第 11 次印刷

定价：69.80 元

读者服务热线：(010)81055410　印装质量热线：(010)81055316
反盗版热线：(010)81055315

前言

Cinema 4D 2023是一款由德国MAXON公司出品的三维动画设计软件。随着功能的不断加强和更新，Cinema 4D的应用范围也越来越广，涉及影视制作、平面设计、建筑效果设计和创意图形设计等多个行业。

为了让读者能够熟练地使用Cinema 4D 2023进行商业案例的制作，本书从常用、实用的功能入手，结合具有针对性和实用性的案例，全面深入地讲解Cinema 4D 2023的功能及应用技巧。

下面就本书的一些情况做简要介绍。

内容特色

入门轻松：本书从Cinema 4D 2023的基础知识入手，详细介绍Cinema 4D 2023常用的功能及应用技巧，力求帮助零基础读者轻松入门。

由浅入深：本书结构层次分明、层层深入，案例设计遵循先易后难的模式，符合读者学习新技能的思维习惯，可以使读者快速熟悉软件功能和制作思路。

随学随练：本书第2~12章的结尾都安排了课后习题，读者在掌握了案例的相关知识之后，可以继续完成课后习题，以加深对所学知识的理解。

版面结构

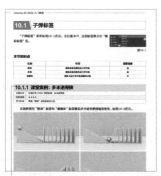 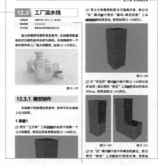 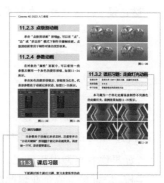

课堂案例：
主要对操作性较强又比较重要的知识点进行讲解，帮助读者快速掌握软件的相关功能。

综合案例：
针对本书内容做综合性的操作练习，相比课堂案例，其涵盖的知识点更加全面，操作步骤更加复杂。

案例位置：
列出了该案例的素材文件、练习文件和实例文件在学习资源中的位置。

技巧与提示：
对软件的实用技巧、制作过程中的难点和注意事项进行分析和讲解。

课后习题：
针对该章的重要内容的巩固练习，用于提高读者独立完成设计的能力。

其他说明

本书附带学习资源，内容包括书中课堂案例、课后习题和综合案例的实例文件和在线教学视频，以及教师专享的PPT教学课件。扫描"资源获取"二维码，关注"数艺设"微信公众号，即可得到资源文件获取方式。如需资源获取技术支持，请致函szys@ptpress.com.cn。

资源与支持

本书由"数艺设"出品,"数艺设"社区平台(www.shuyishe.com)为您提供后续服务。

配套资源

- 课堂案例、课后习题和综合案例的实例文件
- 课堂案例、课后习题和综合案例的在线教学视频
- 教师专享的PPT教学课件

资源获取请扫码

(提示:微信扫描二维码关注公众号后,输入51页
左下角的5位数字,获得资源获取帮助。)

"数艺设"社区平台, 为艺术设计从业者提供专业的教育产品。

与我们联系

我们的联系邮箱是szys@ptpress.com.cn。如果您对本书有任何疑问或建议,请您发邮件给我们,并请在邮件标题中注明本书书名及ISBN,以便我们更高效地做出反馈。

如果您有兴趣出版图书、录制教学课程,或者参与技术审校等工作,可以发邮件给我们。如果学校、培训机构或企业想批量购买本书或"数艺设"出版的其他图书,也可以发邮件联系我们。

关于"数艺设"

人民邮电出版社有限公司旗下品牌"数艺设",专注于专业艺术设计类图书出版,为艺术设计从业者提供专业的图书、视频电子书、课程等教育产品。出版领域涉及平面、三维、影视、摄影与后期等数字艺术门类,字体设计、品牌设计、色彩设计等设计理论与应用门类,UI设计、电商设计、新媒体设计、游戏设计、交互设计、原型设计等互联网设计门类,环艺设计手绘、插画设计手绘、工业设计手绘等设计手绘门类。更多服务请访问"数艺设"社区平台www.shuyishe.com。我们将提供及时、准确、专业的学习服务。

目录

第 8 章　渲染技术 135

第 9 章　毛发和粒子技术 147

第 1 章

初识 Cinema 4D 2023

在我国，Cinema 4D更主要应用于平面设计和影视后期包装这两个领域。

课堂学习目标

- ◆ 熟悉软件的操作界面
- ◆ 掌握软件的常用操作

1.1 Cinema 4D 2023的工作界面

Cinema 4D已经更新到2023版本,相较于以往的版本,增加了许多新的功能,且工作界面也进行了一定的优化,本节就为读者详细讲解Cinema 4D 2023的工作界面。

本节知识点

名称	作用	重要程度
工作界面	创建和编辑场景文件的界面	高
软件的功能面板	创建和编辑场景文件	高

1.1.1 工作界面

安装完Cinema 4D 2023后,双击其在桌面的快捷方式图标█就可以将其启动。与其他软件一样,Cinema 4D也会出现一个启动界面,如图1-1所示。

启动界面会显示软件的版本号,本书采用2023版本。Cinema 4D默认是英文界面,需要在软件内切换为中文界面。

> **ⓘ 技巧与提示**
>
> 读者在安装Cinema 4D 2023时,尽量选择子版本号更高的版本进行安装。子版本号越高,软件的适配性越高,运行起来也会越稳定。

图1-1

Cinema 4D 2023启动后会显示标准工作界面,工作界面主要分为7个部分,分别是菜单栏、工具栏、视图窗口、"对象"面板、"属性"面板、"时间线"面板和界面选择栏,如图1-2所示。软件的默认界面颜色为黑色,为了方便印刷,笔者将部分界面颜色调整为深灰色。无论界面颜色如何设置,都不影响软件的学习。

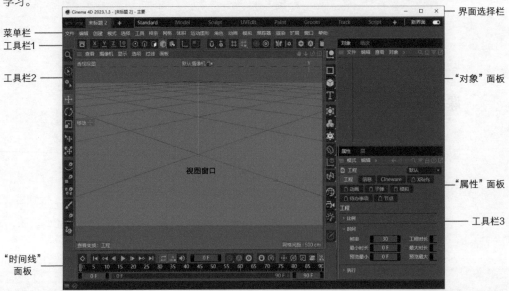

图1-2

（!）技巧与提示

　　Cinema 4D默认采用英文界面，要切换为中文界面，需要进行以下设置。

　　执行Edit>Preferences菜单命令（快捷键为Ctrl＋E），打开Preferences面板，如图1-3和图1-4所示。

图1-3

图1-4

　　在Interface选项卡中，设置Language为"简体中文（Simple Chinese）（zh-CN）"，如图1-5所示，然后关闭面板和软件，再次启动软件，软件被切换为中文界面。如果读者在该下拉菜单中没有找到中文语言选项，则需要先安装对应的语言包。

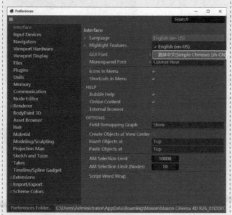

图1-5

1.1.2 菜单栏

　　菜单栏基本包含Cinema 4D所有的工具和命令，可以完成很多操作，如图1-6所示。

图1-6

菜单功能详解

- **文件：** 新建、保存、关闭和导出场景文件。
- **编辑：** 对场景进行操作，也可以对工程文件进行设置。
- **创建：** 选择不同类型的对象进行创建。
- **模式：** 设置操作对象时的模式。
- **选择：** 不同类型的选择模式。

（!）技巧与提示

　　按V键，在弹出的菜单中移动鼠标指针到"选择"选项时，也可以快速弹出该菜单，如图1-7所示。

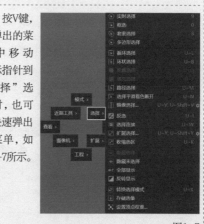

图1-7

- **样条：** 创建和编辑样条的各项工具和命令。
- **网格：** 编辑可编辑对象的工具和命令。
- **体积：** 生成和编辑体积对象的工具和命令。
- **运动图形：** 不同类型的运动图形工具。
- **角色：** 角色动画的相关命令和工具。
- **动画：** 制作动画时会用到的各种命令和工具。
- **模拟：** 模拟动力学、粒子和毛发。
- **渲染：** 不同模式的渲染命令。
- **扩展：** 打开控制台或添加插件。
- **窗口：** 打开软件中所有的窗口或面板。
- **帮助：** 打开帮助页面和管理许可证。

（!）技巧与提示

　　由于篇幅限制，本书只讲解重要工具和命令。

1.1.3 工具栏

Cinema 4D 2023的工具栏分为3部分，分别位于视图窗口的上方和两侧，如图1-8所示。

工具栏2 ————

工具栏1 ————

工具栏3 ————

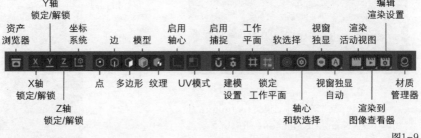

图1-8

1.工具栏1

工具栏1中的工具将以往版本中模式工具栏中的工具和工具栏中的部分工具进行了集合，如图1-9所示。

图1-9

工具详解

• **资产浏览器**（快捷键Shift+F8）：单击该按钮，会弹出"资产浏览器"面板，如图1-10所示。在该面板中可以快速下载并调用不同类型的预设文件。

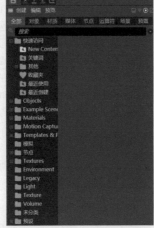

图1-10

• **坐标系统**（W键）：单击该按钮可以在对象坐标系和全局坐标系之间切换，如图1-11所示。

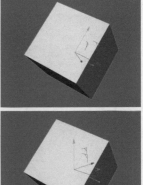

图1-11

- **点**：将对象转换为可编辑对象后，单击该按钮，对象会切换到"点"模式，如图1-12所示。在"点"模式中可以选择点，并对其进行编辑。

图1-12

- **边**：将对象转换为可编辑对象后，单击该按钮，对象会切换到"边"模式，如图1-13所示。在"边"模式中可以选择边，并对其进行编辑。

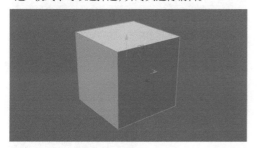

图1-13

- **多边形**：将对象转换为可编辑对象后，单击该按钮，对象会切换到"多边形"模式，如图1-14所示。在"多边形"模式中可以选择多边形，并对其进行编辑。

图1-14

- **模型**：创建对象的默认模式。
- **纹理**：当对象添加贴图后，在该模式中可以调整贴图的坐标。
- **启用轴心**（L键）：单击该按钮，可以修改对象的轴心位置，再次单击该按钮可以退出编辑模式。
- **启用捕捉**（快捷键Shift+S）：单击该按钮会开启捕捉模式。在捕捉模式中，可以对选中的对象与参考对象进行吸附操作。

- **建模设置**
（快捷键Shift+M）：单击该按钮，会弹出图1-15所示的面板。在该面板中可以设置"捕捉""量化""网格检测"的相关参数。

图1-15

- **轴心和软选择**：单击该按钮，会弹出图1-16所示的面板。在该面板中可以设置"轴心"和"柔和选择"的相关参数。

图1-16

- **视窗独显**：单击该按钮，会让选中的对象单独显示，再次单击该按钮，会显示场景中所有对象。
- **渲染活动视图**（快捷键Ctrl+R）：单击该按钮，将渲染当前视图窗口中的场景。
- **渲染到图像查看器**（快捷键Shift+R）：单击该按钮，可以在弹出的"图像查看器"窗口中查看场景的渲染效果，如图1-17所示。

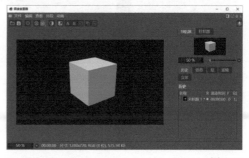

图1-17

- **编辑渲染设置■（快捷键Ctrl+B）：** 单击该按钮，在弹出的"渲染设置"面板中可以设置渲染器的类型和相关参数，如图1-18所示。

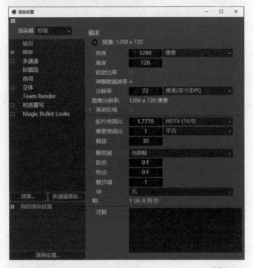

图1-18

- **材质管理器■（快捷键Shift+F2）：** 单击该按钮，会在视图窗口右侧弹出"材质"面板，如图1-19所示。在该面板中可以新建材质、赋予材质和管理材质。

图1-19

2.工具栏2

使用工具栏2中的工具可以对对象进行移动、旋转和缩放等操作，如图1-20所示。需要注意的是，在不同的模式中，该工具栏中的工具类型也会有所差异。

实时选择 —— 命令器
—— 选择过滤
移动 ——
—— 旋转
缩放 ——
—— 放置
动态放置 ——
—— 样条画笔
多边形画笔 ——
—— 散布画笔
控制工具 ——
—— 引导线工具
草绘描绘 ——

图1-20

工具详解

- **命令器■（快捷键Shift+C）：** 单击该按钮，会弹出图1-21所示的对话框。在对话框中可以输入命令或工具的名称，从而快速调用对应的工具。

图1-21

- **实时选择■（9键）：** 使用该工具单击场景中的对象，就可以选中该对象。

> ⚠ **技巧与提示**
>
> 长按该按钮，会弹出其他选择工具，如图1-22所示。用户可以根据不同的操作需要，进行灵活选择。

图1-22

- **选择过滤■：** 单击该按钮，在弹出的菜单中可以选择需要过滤的对象类型，如图1-23所示。

图1-23

- **移动■（E键）：** 使用该工具可以移动场景中选中的对象。
- **旋转■（R键）：** 使用该工具可以旋转场景中选中的对象。
- **缩放■（T键）：** 使用该工具可以放大或缩小场景中选中的对象。
- **放置■：** 使用该工具可以快速将选中的对象放置在曲面上。
- **动态放置■：** 使用该工具可以使选中的对象与场景中的其他对象产生碰撞，从而生成真实的摆放效果。
- **样条画笔■：** 使用该工具可以在场景中绘制样条。
- **多边形画笔■（快捷键M+E）：** 使用该工具可以在场景中绘制任意形状的多边形。
- **散布画笔■：** 使用该工具可以在场景中生成随机大小和角度的对象。

3.工具栏3

使用工具栏3中的工具可以创建出不同形态的对象,如图1-24所示。

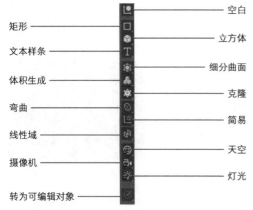

矩形

文本样条

体积生成

弯曲

线性域

摄像机

转为可编辑对象

空白

立方体

细分曲面

克隆

简易

天空

灯光

图1-24

工具详解

● **空白**: 单击该按钮,会在场景中创建一个空白对象。该工具常在分组时使用。

● **矩形**: 单击该按钮,会在场景中创建矩形样条。长按该按钮会弹出图1-25所示的面板,在其中可以选择其他形状的样条。

● **立方体**: 单击该按钮,会在场景中创建立方体模型。长按该按钮会弹出图1-26所示的面板,在其中可以选择其他形状的模型。

图1-25   图1-26

● **文本样条**: 单击该按钮,会在场景中创建文本样条。长按该按钮,还可以在弹出的面板中选择"文本"工具,如图1-27所示。使用该工具可以创建文本模型。

● **细分曲面**: 单击该按钮,会生成"细分曲面"生成器。长按该按钮,会弹出图1-28所示的面板,在其中可以选择其他类型的生成器。

图1-27   图1-28

● **体积生成**: 长按该按钮,会弹出图1-29所示的面板,在其中可以选择制作体积模型的相关工具。

● **克隆**: 长按该按钮,会弹出图1-30所示的面板,在其中可以选择运动图形的相关工具。

图1-29   图1-30

● **弯曲**: 长按该按钮,会弹出图1-31所示的面板,在其中可以选择不同类型的变形器。

● **简易**: 长按该按钮,会弹出图1-32所示的面板,在其中可以选择不同类型的效果器,效果器配合运动图形的相关工具使用可以使对象产生更多的变化。

● **线性域**: 长按该按钮,会弹出图1-33所示的面板,在其中可以选择不同类型的域,从而产生不同类型的衰减效果。

图1-32

图1-31   图1-33

● **天空**: 长按该按钮,会弹出图1-34所示的面板,在其中可以选择不同类型的环境工具,用于辅助场景的制作。

图1-34

- **摄像机**  **：** 长按该按钮，会弹出图1-35所示的面板，在其中可以选择不同类型的摄像机。
- **灯光** ：长按该按钮，会弹出图1-36所示的面板，在其中可以选择不同类型的灯光工具。
- **转为可编辑对象** ：单击该按钮，会将创建的对象转换为可编辑对象。

> **技巧与提示**
>
> 在一些工具图标上会出现下标"ST"，代表这个工具只能在"标准"或"物理"渲染器中使用。一旦用户将渲染器切换为RedShift，该处的工具会自动切换为RedShift所配套的工具。

图1-35　　　图1-36

1.1.4 视图窗口

视图窗口是编辑与观察模型的主要区域，默认为单独显示的透视视图，如图1-37所示。

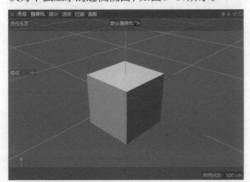

图1-37

单击鼠标中键，视图窗口会从默认的透视视图切换为四视图，如图1-38所示。在相应的视图上再次单击鼠标中键，就可以最大化显示该视图窗口。

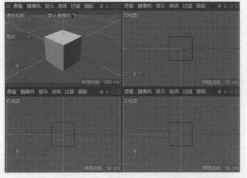

图1-38

如果想要使视图更加简洁，可以在"过滤"菜单中取消勾选"编辑"下的选项，如图1-39所示。这样视图中将只显示对象和纯色背景，如图1-40所示。

图1-39

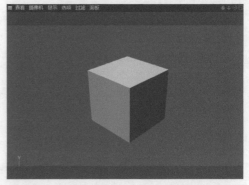

图1-40

1.1.5 "对象" 面板

"对象"面板会显示所有的对象，也会清晰地显示各对象之间的层级关系。此处除了"对象"面板，还有"场次"面板，其中"对象"面板的使用频率是最高的，如图1-41所示。

图1-41

1.1.6 "属性" 面板

"属性"面板显示所有对象、工具和命令的属性参数，如图1-42所示。此处除了"属性"面板，还有"层"面板。

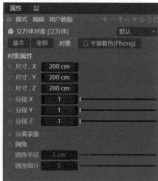

图1-42

1.1.7 "时间线" 面板

"时间线"面板是控制动画效果的面板，如图1-43所示，具有播放动画、添加关键帧和控制动画播放速率等功能。

图1-43

1.1.8 界面选择栏

如果不小心把Cinema 4D的工作界面打乱了，可以单击工作界面左上方的"Standard"（标准）按钮 Standard，使其恢复到默认界面，如图1-44所示。读者也可以根据自己的习惯自定义工作界面布局，并将其保存，以便以后使用。

图1-44

1.2 | Cinema 4D 2023的常用操作

熟悉了软件的界面构成后，本节将为读者讲解软件的常用操作。本节的内容十分重要，掌握本节内容可以为后续内容的学习打下良好的基础。

本节知识点

名称	作用	重要程度
软件初始设置	了解使用软件前需要设置的参数	高
移动 / 旋转 / 缩放视图	了解视图的操作方法	高
切换对象的显示效果	查看并切换对象的不同显示效果	中
移动 / 旋转 / 缩放对象	了解对象的移动、旋转和缩放操作	高
复制对象	了解不同的对象复制方法	高

1.2.1 软件的初始设置

在制作场景文件之前，需要对软件进行一些初始设置。执行"编辑>设置"菜单命令（快捷键Ctrl+E），打开"设置"面板，如图1-45所示。

图1-45

1.软件字号

软件的默认字号为12，可能会影响界面的观察和工具的查找。单击"GUI字体"后方的箭头，设置字号为16，如图1-46所示。

图1-46

> ⓘ **技巧与提示**
>
> 如果读者觉得默认的字号不影响使用，可以不更改。字号的大小仅供参考，这里的设置仅为笔者的习惯。

2.自动保存

虽然Cinema 4D 2023运行比较稳定，较少出现软件崩溃的情况，但为了避免出现意外情况，还是需要启用自动保存功能。

在"文件"选项卡中勾选"保存"选项，然后设置"每（分钟）"为30，勾选"限制"选项，并设置"到（拷贝）"为3，如图1-47所示。这样就能每30分钟自动保存一次正在制作的文件，并且保留最近3次自动保存的文件。默认情况下，自动保存的文件会保存在工程目录中，读者也可以自定义保存路径。

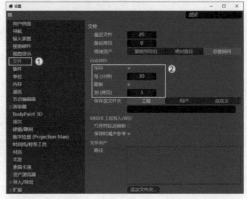

图1-47

3.场景单位

在制作场景文件之前，需要根据要求设置相应的场景单位。在"设置"面板中切换到"单位"选项卡，可以看到，Cinema 4D的默认单位为"厘米"，如图1-48所示。若是导入外部文件，有可能因为单位不同而导致模型大小发生改变，这里建议读者勾选"自动转换"选项，软件将自动缩放模型。

图1-48

如果要统一修改场景单位为"毫米"，需要在"显示"中选择"毫米"选项，如图1-49所示。这里只是修改了对象的显示单位，而场景本身还是按照"厘米"的量级进行计算的。

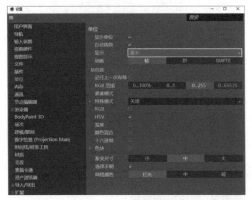

图1-49

还需要在"属性"面板的"工程"区域中设置"工程缩放"的单位为"毫米"，如图1-50所示。这样无论是对象的显示单位还是场景本身的单位，都统一成了"毫米"。

图1-50

1.2.2 移动/旋转/缩放视图

通过移动、旋转和缩放视图，用户能更好地观察视图中的模型，从而方便后续的制作。下面介绍移动、旋转和缩放视图的操作方法。

移动视图： Alt键+鼠标中键。按住Alt键，然后按住鼠标中键并拖曳鼠标，即可平移视图，如图1-51所示。

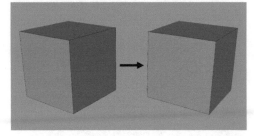

图1-51

旋转视图： Alt键+鼠标左键。按住Alt键，然后按住鼠标左键并拖曳鼠标，即可围绕选定的对象旋转视图，如图1-52所示。

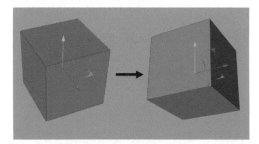

图1-52

> ### 技巧与提示
>
> 在制作模型时经常会遇到旋转视图时，画面中心离模型很远，不在模型中心的情况。此时，若是已经选中了模型，那么可以在视图空白区域单击鼠标右键，然后在弹出的菜单中选择"框显选择中的对象"选项，如图1-53所示。这样就能让选中的对象处于画面中心位置。
>
>
>
> 图1-53
>
> 若是场景中没有对象被选中，那么就在弹出的菜单中选择"框显几何体"选项，如图1-54所示。这样场景中的所有对象都会显示在画面中心位置。
>
>
>
> 图1-54

缩放视图： 滚动鼠标中键。滚动鼠标中键可以放大或缩小视图中的对象，如图1-55所示。

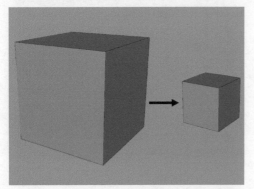

图1-55

1.2.3 切换对象的显示效果

在"显示"菜单中，罗列了对象的不同显示方式，如图1-56所示。

图1-56

命令详解

• **光影着色：** 只显示对象的颜色和明暗效果，如图1-57所示。

图1-57

光影着色（线条）： 不仅显示对象的颜色和明暗效果，还显示对象的线框，如图1-58所示。

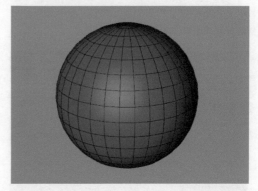

图1-58

常量着色： 只显示对象的颜色，但不显示明暗效果，如图1-59所示。

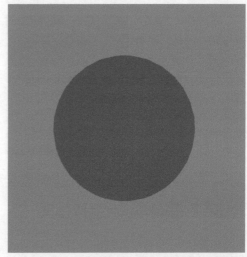

图1-59

线条： 只显示对象的线框，如图1-60所示。

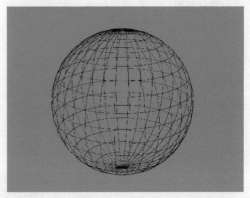

图1-60

通过"显示"菜单切换对象的显示效果有些麻烦，且影响工作效率。下面为读者介绍快速切换对象的显示效果的方法。

在"显示"菜单中，可以看到每种效果的后面跟着一组字母，例如"光影着色 N~A"。其实这组字母就是"光影着色"的快捷键。

当我们需要切换到"光影着色"效果时，先按N键，窗口中会出现一个菜单，如图1-61所示，接着根据菜单中的提示按下A键，这样场景中的对象就会切换为"光影着色"效果。

```
键: N
A ... 光影着色
B ... 光影着色 (线条)
C ... 快速着色
D ... 快速着色 (线条)
E ... 常量着色
F ... 隐藏线条
G ... 线条
H ... 线框
I ... 等参线
K ... 方形
L ... 骨架
O ... 显示标签
P ... 背面忽略
Q ... 材质
R ... 透显
```

图1-61

同理，当我们需要切换到"光影着色（线条）"效果时，先按N键再按B键即可。

1.2.4 移动/旋转/缩放对象

使用"移动""旋转""缩放"3个工具可以移动、旋转和缩放选中的对象。

移动对象： 选中视窗中的对象，然后在工具栏中单击"移动"按钮 ⊞（E键），对象上会出现坐标轴，如图1-62所示，其中红色代表X轴、绿色代表Y轴、蓝色代表Z轴。拖曳相应的轴，就能沿该轴移动对象。

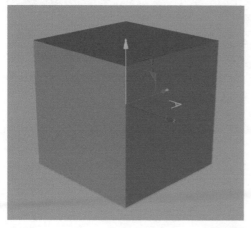

图1-62

旋转对象： 在工具栏中单击"旋转"按钮 ⟳（R键），对象上会出现球形坐标轴，如图1-63所示。拖曳相应的轴，就能绕该轴旋转对象。

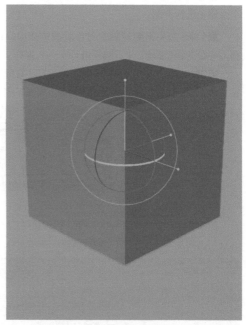

图1-63

缩放对象： 在工具栏中单击"缩放"按钮 ⬚（T键），对象上会出现坐标轴，如图1-64所示。拖曳相应的轴，就能沿该轴缩放对象。

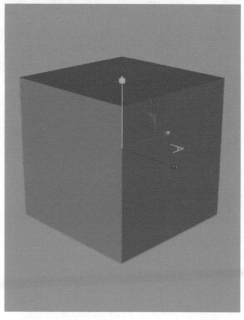

图1-64

1.2.5 复制对象

复制对象是日常工作中使用频率非常高的一项功能。在Cinema 4D中可以通过3种方式复制对象，下面逐一进行介绍。

第1种： 选中需要复制的对象后按快捷键Ctrl+C，然后按快捷键Ctrl+V，复制的对象与源对象重叠，需要使用"移动"工具 ✛ 等进行下一步操作。

第2种： 选中需要复制的对象，然后在"对象"面板中按快捷键Ctrl+C，接着按快捷键Ctrl+V，可以在"对象"面板上看到复制出的新对象，如图1-65所示。复制的对象与源对象在视图窗口中是重叠的。

图1-65

第3种： 选中需要复制的对象，然后按住Ctrl键移动、旋转或缩放对象，可以在进行相应操作的同时复制出新的对象，如图1-66所示。

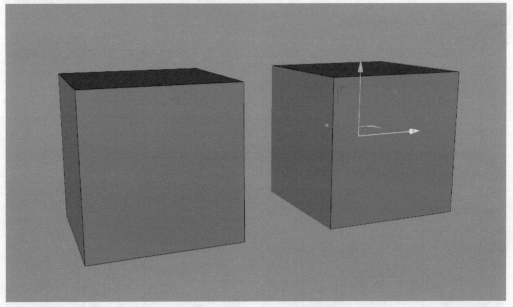

图1-66

第 2 章

参数化对象建模

　　参数化对象建模是Cinema 4D建模的基础，包含网格参数对象的建模、样条参数对象的建模和场景对象的建模3个部分。掌握这些建模技术，可以快速制作一个简单的场景模型。

课堂学习目标

◆ 掌握网格参数对象建模的方法
◆ 掌握样条参数对象建模的方法
◆ 掌握场景对象建模的方法

2.1 网格参数对象

长按视图窗口右侧的工具栏3中的"立方体"按钮 立方体，会弹出网格参数对象面板，如图2-1所示。单击面板上的图标就可以在视图中直接创建对应的模型。

图2-1

本节工具介绍

工具名称	工具作用	重要程度
立方体	用于创建立方体	高
圆锥体	用于创建圆锥体	中
圆柱体	用于创建圆柱体	高
平面	用于创建平面	高
球体	用于创建球体	高
圆环面	用于创建圆环	中
管道	用于创建空心圆柱体	中
金字塔	用于创建四棱锥	中
文本	用于创建文本模型	高

2.1.1 课堂案例：电商展示台

实例文件	实例文件 >CH02> 课堂案例：电商展示台
难易指数	★★
学习目标	练习网格参数对象的创建方法

本案例制作一个简单的电商展示台，需要综合运用本节所学的工具，案例效果如图2-2所示。

图2-2

01 使用"圆柱体"工具 圆柱体 在场景中创建一个圆柱体模型，具体参数及效果如图2-3所示。

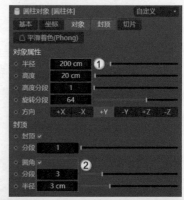

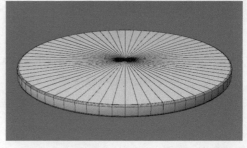

图2-3

02 将圆柱体模型向上复制一份，然后修改相关参数，具体参数及效果如图2-4所示。

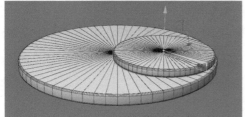

图2-4

03 使用"管道"工具 ![管道] 在圆柱体模型外侧创建一个管道模型,在"对象"选项卡中设置"外部半径"为280cm,"内部半径"为230cm,"旋转分段"为64,"封顶分段"为1,"高度"为100cm,"高度分段"为1,勾选"圆角"选项,设置"分段"为3,"半径"为3cm,然后切换到"切片"选项卡,勾选"切片"选项,设置"起点"为60°,"终点"为280°,具体参数及效果如图2-5所示。

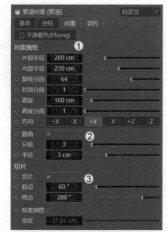

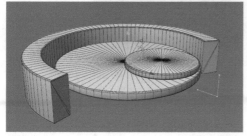

图2-5

04 使用"立方体"工具 ![立方体] 在管道模型后方创建一个立方体模型,具体参数及效果如图2-6所示。

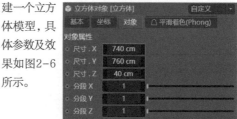

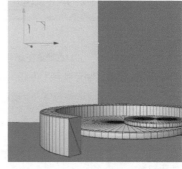

图2-6

05 将立方体模型复制一份,并移动到画面右侧后方,如图2-7所示。

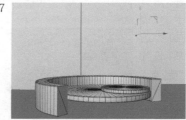

图2-7

06 使用"球体"工具 ![球体] 在上一步创建的立方体模型上方创建一个半球体模型,具体参数及效果如图2-8所示。

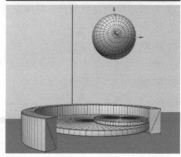

图2-8

07 将半球体模型复制两份，适当缩小其半径，效果如图2-9所示。

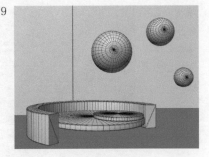

图2-9

08 使用"圆环面"工具 ⬭ 圆环面 在场景中创建一个圆环模型，设置"圆环半径"为195cm，"圆环分段"为32，"导管半径"为10cm，然后切换到"切片"选项卡，勾选"切片"选项，设置"起点"为-82°，"终点"为85°，具体参数及效果如图2-10所示。

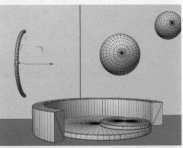

图2-10

09 将圆环模型复制两份，并向左移动，中间的圆环向内移动一些，效果如图2-11所示。

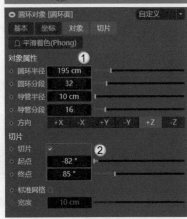

图2-11

10 使用"平面"工具 ⬭ 平面 创建一个平面模型作为地面，案例最终效果如图2-12所示。

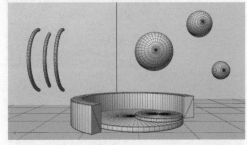

图2-12

2.1.2 立方体

立方体是网格参数对象建模中常用的几何体之一。使用"立方体"工具 ⬭ 立方体 可以创建出很多模型，同时还可以将立方体用作多边形建模的基础物体。立方体对象及其参数面板如图2-13所示。

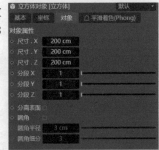

图2-13

参数详解

- **尺寸.X：** 控制立方体在x轴的长度。
- **尺寸.Y：** 控制立方体在y轴的长度。
- **尺寸.Z：** 控制立方体在z轴的长度。
- **分段X/分段Y/分段Z：** 这3个参数用来设置沿着对象每个轴的分段数量。
- **分离表面：** 勾选该选项后，当模型转换为可编辑对象时，每个面都会成为单独的个体。
- **圆角：** 勾选该选项后，立方体的顶点将呈现圆角效果，同时激活"圆角半径"和"圆角细分"选项。
- **圆角半径：** 控制圆角的半径。
- **圆角细分：** 控制圆角的圆滑程度。

2.1.3 圆柱体

圆柱体也是网格参数对象建模中常用的几何体之一。圆柱体的参数面板与圆锥体一样，圆柱体对象及其参数面板如图2-14所示。

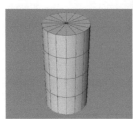

图2-14

参数详解

- **半径：** 设置圆柱体的半径。
- **高度：** 设置圆柱体的高度。
- **高度分段：** 设置圆柱体曲面上的分段数。
- **旋转分段：** 设置圆柱体曲面的分段数，数值越大，圆柱的曲面越圆滑。
- **方向：** 设置创建的圆柱体的朝向。
- **封顶：** 取消勾选该选项后，圆柱体顶部和底部的圆面会消失，如图2-15所示。

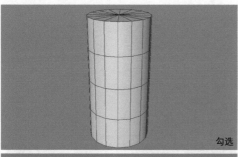

勾选

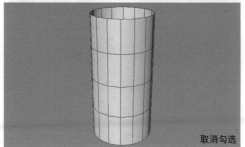

取消勾选

图2-15

- **分段：** 控制圆柱体顶部和底部圆面的分段数。
- **圆角：** 勾选该选项后，圆柱体会呈现圆角效果，如图2-16所示。

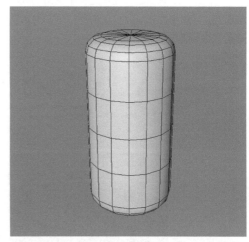

图2-16

- **分段：** 控制圆角的分段数。数值越大，圆角会越圆滑。
- **半径：** 控制圆角的半径。
- **切片：** 控制是否开启"切片"功能。
- **起点/终点：** 设置围绕高度轴旋转生成的模型的大小，如图2-17所示。

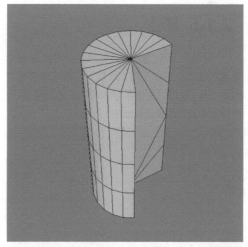

图2-17

> **技巧与提示**
>
> 对于"起点"和"终点"这两个选项，将其设为正值时将按逆时针移动切片的末端，为负值时将按顺时针移动切片的末端。

2.1.4 平面

"平面"工具  在建模过程中使用的频率非常高，常用来创建墙面和地面等。平面对象及其参数面板如图2-18所示。

图2-18

参数详解

- **宽度：** 设置平面的宽度。
- **高度：** 设置平面的高度。
- **宽度分段：** 设置平面宽度轴的分段数。
- **高度分段：** 设置平面高度轴的分段数。

2.1.5 球体

"球体"工具  也是网格参数对象建模中常用的工具之一。使用"球体"工具可以创建完整的球体，也可以创建半球体或球体的其他部分，球体对象及其参数面板如图2-19所示。

图2-19

参数详解

- **半径：** 设置球体的半径。
- **分段：** 设置球体的分段数，默认为16。分段数越多，球体越圆滑，反之则越粗糙，图2-20所示为"分段"值分别为8和36时的球体对比效果。

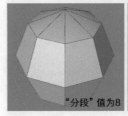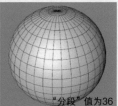

"分段"值为8   "分段"值为36

图2-20

- **类型：** 设定球体的类型，包括"标准""四面体""六面体""八面体""二十面体""半球"等类型，如图2-21所示。

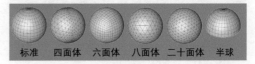

标准　四面体　六面体　八面体　二十面体　半球

图2-21

2.1.6 圆锥体

圆锥体在现实生活中经常出现，比如冰激凌的外壳等。圆锥体对象及其参数面板如图2-22所示。

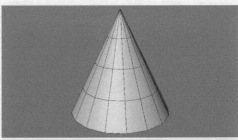
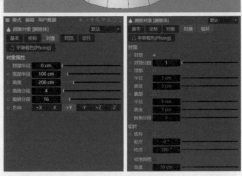

图2-22

参数详解

- **顶部半径：** 设置圆锥体顶部的半径，最小值为0。
- **底部半径：** 设置圆锥体底部的半径，最小值为0。
- **高度：** 设置圆锥体的高度。
- **高度分段：** 设置圆锥体高度轴的分段数。
- **旋转分段：** 设置圆锥体顶部和底部的分段数，数值越大，圆锥体越圆滑，如图2-23所示。

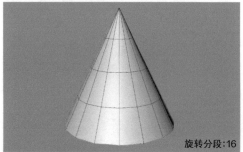

旋转分段:16

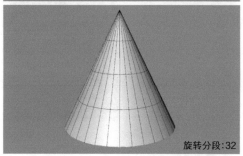

旋转分段:32

图2-23

- **方向：** 设置圆锥体的朝向。
- **封顶：** 取消勾选该选项后，圆锥体顶部或底部的圆面会消失，如图2-24所示。

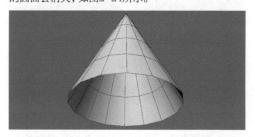

图2-24

- **封顶分段：** 控制圆锥体顶部和底部圆面的分段数。
- **顶部/底部：** 勾选后，会激活对应的"圆角分段""半径""高度"选项，用于控制圆锥顶部和底部的圆角大小。
- **切片：** 控制是否开启"切片"功能。
- **起点/终点：** 设置围绕高度轴旋转生成的模型的大小。

2.1.7 金字塔

金字塔的底面是正方形或矩形，侧面是三角形，"金字塔"工具 ⬛ 金字塔 在旧版本的软件中叫作"角锥"工具。金字塔对象及其参数面板如图2-25所示。

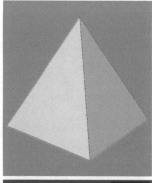

图2-25

参数详解

- **尺寸：** 设置金字塔对应面的长度。
- **分段：** 设置金字塔的分段数。

2.1.8 管道

管道的外形与圆柱体相似，不过管道是空心的，因此它有两个半径参数。管道对象及其参数面板如图2-26所示。

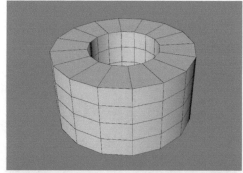

图2-26

参数详解

• **内部半径/外部半径：**内部半径是指管道的内径，外部半径是指管道的外径，如图2-27所示。

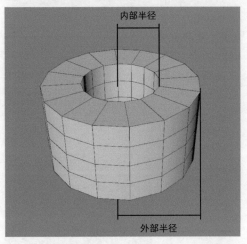

图2-27

• **旋转分段：**设置管道两端圆环的分段数量。数值越大，管道越圆滑，如图2-28所示。

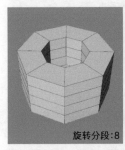
旋转分段:8
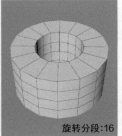
旋转分段:16

图2-28

• **封顶分段：**设置绕管道顶部和底部的中心的分段数量，如图2-29所示。

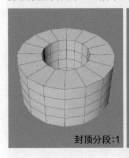
封顶分段:1
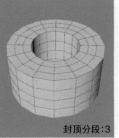
封顶分段:3

图2-29

• **高度：**设置管道的高度。

• **高度分段：**设置管道在高度轴上的分段数。

• **圆角：**勾选该项后，管道两端会形成圆角，同时激活"分段"和"半径"选项，以控制圆角的大小。

2.1.9 圆环面

"圆环面"工具 ⊙ 圆环面 可以用于创建圆环模型或具有圆形横截面的环状物体。圆环的参数面板由"对象"和"切片"两部分组成，圆环对象及其参数面板如图2-30所示。

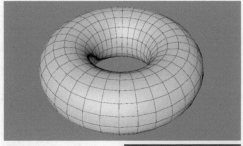

图2-30

参数详解

• **圆环半径：**设置圆环整体的半径。

• **圆环分段：**设置围绕圆环的分段数，数值越大，圆环越圆滑，如图2-31所示。

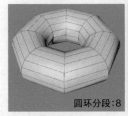
圆环分段:8
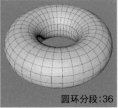
圆环分段:36

图2-31

• **导管半径：**设置圆环管状的半径，数值越大，圆环越粗，如图2-32所示。

导管半径:10cm
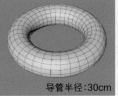
导管半径:30cm

图2-32

- **导管分段：**设置圆环的分段数，数值越大，圆环越圆滑，如图2-33所示。

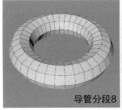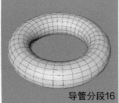

导管分段8 　　　　 导管分段16

图2-33

2.1.10 文本

　　使用"文本"工具可以直接创建文本模型，还可以调整文本模型的倒角效果，文本对象及其参数面板如图2-34所示。

图2-34

参数详解

- **深度：**设置文本模型的厚度。
- **细分数：**设置文本模型在厚度面上的分段数，图2-35所示为设置不同"细分数"值的文本模型的对比效果。

细分数：1 　　　　 细分数：3

图2-35

- **文本样条：**在输入框内可以输入文本模型的内容。
- **高度：**设置文本模型的高度，数值越大，文本模型越大。
- **起点封盖/终点封盖：**默认勾选，勾选状态下，文本模型前后两个面处于封闭状态。图2-36所示是不勾选的效果。

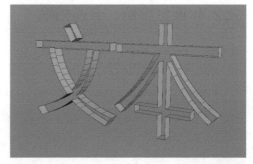

图2-36

- **倒角外形：**设置文本模型的倒角类型，在其下拉菜单中可以选择不同类型，如图2-37所示。

图2-37

- **尺寸：**设置倒角的深度。

2.2 样条参数对象

样条是Cinema 4D中自带的二维图形，用户可以使用画笔绘制样条，也可以直接创建特定的样条图形，样条图形面板如图2-38所示。

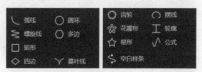

图2-38

本节工具介绍

工具名称	工具作用	重要程度
样条画笔	用于绘制任意形状的二维线段	高
圆环	用于绘制圆环图案	高
螺旋线	用于绘制螺旋线图案	中
矩形	用于绘制矩形图案	高
星形	用于绘制星形图案	中
文本样条	用于绘制文字	高

2.2.1 课堂案例：卡通相框

实例文件	实例文件 >CH02> 课堂案例：卡通相框
难易指数	★★
学习目标	练习样条参数对象的创建方法

本案例使用"矩形"工具和"圆环"工具等制作一个相框模型，案例效果如图2-39所示。

图2-39

01 单击"矩形"按钮，在场景中创建一个矩形，在"对象"选项卡中设置"宽度"和"高度"都为400cm，勾选"圆角"选项，设置"半径"为20cm，效果及参数设置如图2-40所示。

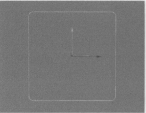

图2-40

02 单击"圆环"按钮 ，在场景中创建一个圆环，在"对象"选项卡中设置"半径"为180cm，效果及参数设置如图2-41所示。

图2-41

03 长按"细分曲面"按钮 ，在弹出的面板中选择"样条布尔"工具 ，如图2-42所示。在"对象"面板中将"圆环"和"矩形"都设为其子级，如图2-43所示。

图2-42　　　　　　　　　　图2-43

04 选中"样条布尔"对象，在"对象"选项卡中设置"模式"为"B减A"，效果及参数设置如图2-44所示。

图2-44

05 添加"挤压"生成器，并将"样条布尔"设为其子级，如图2-45所示。

图2-45

06 选中"挤压"生成器，在"对象"选项卡中设置"偏移"为20cm，切换到"封盖和倒角"选项卡，设置"外形"为"圆角"，"尺寸"为5cm，效果及参数设置如图2-46所示。

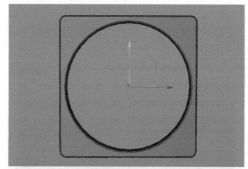

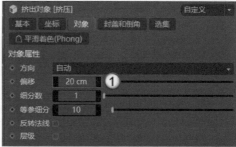

图2-46

ⓘ 技巧与提示

添加"挤压"生成器后，会发现圆环的边缘并不圆滑，这时就需要调整圆环的"点插值方式"和其他参数。

图2-47所示的是默认情况下"点插值方式"的参数。其下拉菜单中的其他选项如图2-48所示。

图2-47　　　　　　　图2-48

将"点插值方式"设置为"自然"，圆环边缘的布线增加，但仍然不圆滑，如图2-49所示。

将"点插值方式"设置为"统一"，圆环边缘的布线增加，但也不圆滑，如图2-50所示。

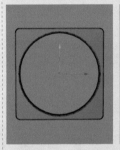

图2-49　　　　　　　图2-50

将下方的"数量"设为16后，圆环的边缘变得圆滑了，布线也增加了，如图2-51所示。

将"点插值方式"设置为"细分"，可以观察到不但布线增加，而且圆环边缘也变得圆滑了，如图2-52所示。

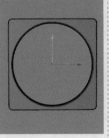

图2-51　　　　　　　图2-52

07 使用"圆环"工具 ○ 圆环 创建一个"半径"为180cm的圆环，然后为其添加"挤压"生成器，设置"偏移"为5cm，效果如图2-53所示。

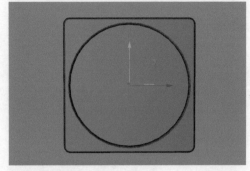

图2-53

08 调整圆环与外框之间的距离，最终效果如图2-54所示。

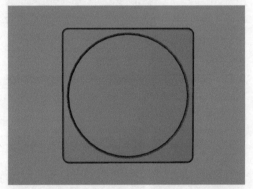

图2-54

2.2.2 样条画笔

"样条画笔"工具 📝 位于工具栏2中，可以用来绘制任意形状的二维线段。二维线段的形状不受约束，可以封闭也可以不封闭，拐角处可以是尖锐的，也可以是圆滑的。样条画笔的参数面板如图2-55所示。

图2-55

参数详解

• 类型：系统提供了5种类型的绘制模式，分别是"线性""立方""Akima""B-样条线""贝塞尔"。

方法1: 借助"启用捕捉"工具 🔘 和背景栅格。长按"启用捕捉"按钮 🔘,在弹出的菜单中选择"网格点捕捉"选项,然后使用"样条画笔"工具 ✎ 沿着栅格绘制水平或垂直的直线段,如图2-56和图2-57所示。

图2-56 　　　　　　　 图2-57

方法2: 利用"缩放"工具 ❒。选中图2-58所示的样条线的两个点,然后在"坐标窗口"中设置两个点的X值为0,即可使样条变为垂直状态,如图2-59所示。

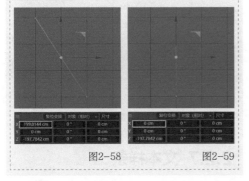

图2-58 　　　　　　　 图2-59

2.2.3 圆环

使用"圆环"工具 ◯ 可以绘制出不同大小的圆形样条,其效果及参数面板如图2-60所示。

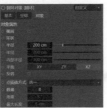

图2-60

参数详解

● **椭圆:** 勾选该选项后,可以单独设置长度方向和宽度方向的半径,形成椭圆形样条,如图2-61所示。

● **环状:** 勾选该选项后,圆形变为同心圆,如图2-62所示,同时激活"内部半径"选项。

图2-61 　　　　　　　 图2-62

● **半径:** 设置圆形样条的大小。

● **内部半径:** 勾选"环状"选项后激活该选项,用于设置内部圆的半径。

2.2.4 螺旋线

使用"螺旋线"工具 螺旋线 可以绘制类似弹簧、蚊香的图案,其效果及参数面板如图2-63所示。

图2-63

参数详解

● **起始半径:** 设置起始端的半径。

● **开始角度:** 设置起始端的旋转角度。

● **终点半径:** 设置终点端的半径。

● **结束角度:** 设置终点端的旋转角度。

> (!) **技巧与提示**
>
> 设置"开始角度"和"结束角度"可以控制螺旋线旋转的圈数。

- **半径偏移:** 设置螺旋线两端半径的过渡效果，设置不同的"半径偏移"值的螺旋线效果如图2-64所示。

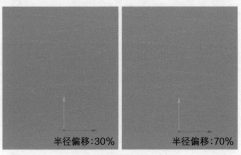

图2-64

- **高度:** 设置螺旋线的高度。
- **高度偏移:** 控制螺旋线的高度，设置不同的"高度偏移"值的螺旋线效果如图2-65所示。

图2-65

2.2.5 矩形

使用"矩形"工具 可以绘制不同尺寸的矩形图案，其效果及参数面板如图2-66所示。

图2-66

参数详解

- **宽度/高度:** 设置矩形的宽度和高度。
- **圆角:** 勾选该选项后，矩形的角呈圆角显示，同时激活"半径"选项。
- **半径:** 设置矩形圆角的半径。

2.2.6 星形

使用"星形"工具 可以绘制任意点数的星形图案，其效果及参数面板如图2-67所示。

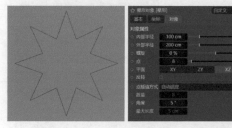

图2-67

参数详解

- **内部半径:** 设置内部点的半径。
- **外部半径:** 设置外部点的半径。
- **螺旋:** 设置星形旋转的角度，如图2-68所示。

螺旋:50%

图2-68

- **点:** 设置星形的点数，默认为8。

2.2.7 文本样条

使用"文本样条"工具 可以在场景中生成文本样条，以便制作各种立体字，其效果及参数面板如图2-69所示。

图2-69

参数详解

- **文本样条：** 可以在此输入文本，若要输入多行文本，则按Enter键切换到下一行。
- **字体：** 设置文本的字体。
- **对齐：** 设置文本的对齐方式，有"左""中对齐""右"3种方式。
- **高度：** 设置文本的高度。
- **水平间隔：** 设置文字的水平间距。
- **垂直间隔：** 调整行间距（只对多行文本起作用）。
- **显示3D界面：** 勾选该选项后，可以单独调整每个文字的样式，效果如图2-70所示。

图2-70

2.3 场景对象

场景对象包含6种类型的模型，如图2-71所示，使用这些模型可以快速搭建场景。

图2-71

本节工具介绍

工具名称	工具作用	重要程度
天空	用于创建环境光及环境反射效果	高
地板	用于创建地面或墙体	高
背景	用于创建背景板	高

2.3.1 课堂案例：护肤品包装

实例文件	实例文件 >CH02> 课堂案例：护肤品包装
难易指数	★★★
学习目标	练习场景对象的创建方法

运用不同大小的圆柱体，就可以创建出日常生活中常见的护肤品包装模型，效果如图2-72所示。

图2-72

01 单击"圆柱体"按钮，在场景中创建一个圆柱体模型，在"对象"选项卡中设置"半径"为50cm，"高度"为200cm，"高度分段"为4，"旋转分段"为32，切换到"封顶"选项卡，勾选"圆角"选项，设置"分段"为3，"半径"为3cm，效果及具体参数如图2-73所示。

图2-73

02 将上一步创建的圆柱体模型向上复制一份，然后在"对象"选项卡中设置"半径"为40cm，"高度"为80cm，切换到"封顶"选项卡，勾选"圆角"选项，设置"半径"为5cm，效果及具体参数如图2-74所示。

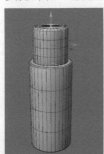

图2-74

03 新建一个圆柱体模型，在"对象"选项卡中设置"半径"为60cm，"高度"为80cm，"高度分段"为4，"旋转分段"为32，切换到"封顶"选项卡，勾选"圆角"选项，设置"分段"为3，"半径"为3cm，效果及具体参数如图2-75所示。

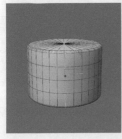

图2-75

04 将上一步创建的圆柱体模型沿y轴向上复制一份，在"对象"选项卡中设置"半径"为60cm，"高度"为30cm，然后切换到"封顶"选项卡，设置"半径"为5cm，效果及具体参数如图2-76所示。

图2-76

05 使用"立方体"工具在场景中创建一个立方体模型，设置"尺寸.X""尺寸.Y"和"尺寸.Z"都为100cm，然后勾选"圆角"选项，设置"圆角半径"为5cm，"圆角细分"为3，效果及具体参数如图2-77所示。

图2-77

06 使用"管道"工具在立方体上方创建一个管道模型，在"对象"选项卡中设置"外部半径"为30cm，"内部半径"为20cm，"旋转分段"为24，"封顶分段"为1，"高度"为40cm，然后勾选"圆角"选项，设置"分段"为3，"半径"为5cm，效果及具体参数如图2-78所示。

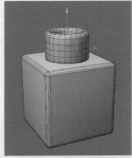

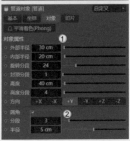

图2-78

07 长按"弯曲"按钮 弯曲 ，在弹出的面板中选择"锥化"选项，如图2-79所示。

08 在"对象"面板中将"锥化"设为"管道"的子级，如图2-80所示。

图2-79　　　　　　　图2-80

09 选中"锥化"变形器，在"对象"选项卡中单击"匹配到父级"按钮 匹配到父级 ，变形器会自动识别管道的大小并进行匹配，然后设置"强度"为-50%，"弯曲"为150%，效果及具体参数如图2-81所示。

图2-81

10 使用"圆柱体"工具 圆柱体 在场景中创建一个圆柱体模型，设置"半径"为2cm，勾选"圆角"选项，设置"分段"为3，"半径"为2cm，效果及具体参数如图2-82所示。

图2-82

11 将上一步创建的圆柱体模型复制两份，然后调整它们的角度与位置，效果如图2-83所示。

图2-83

12 将做好的3组模型进行摆放，效果如图2-84所示。

图2-84

13 单击"天空"按钮 天空 ，在场景中创建一个天空模型，使其包裹住整个场景，效果如图2-85所示。

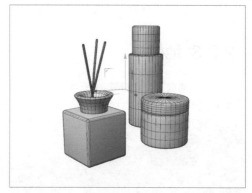

图2-85

14 单击"地板"按钮 地板 ，创建一个地板模型作为场景的地面，然后单击"背景"按钮 背景 ，在场景中创建背景，效果如图2-86所示。

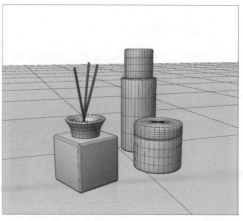

图2-86

2.3.2 天空

使用"天空"工具 可以在场景中建立一个无限大的球体以包裹住场景,如图2-87所示,其中除了立方体和平面的部分,都显示为天空。天空常常被赋予HDRI(High-Dynamic Range Image,高动态范围图像),用作场景的环境光或用于创建环境反射效果。

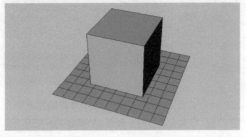

图2-87

2.3.3 地板

单击"地板"按钮 ,会在场景中创建一个平面,如图2-88所示。

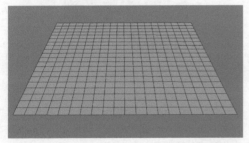

图2-88

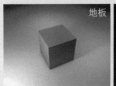
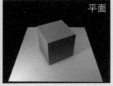
2.3.4 背景

"背景"工具 用于设置场景的整体背景,它没有实体模型,只能通过材质和贴图进行表现,如图2-90所示。

图2-90

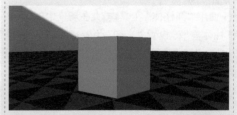

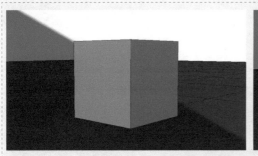

图2-93　　　　　　　　　　　　　　　　　　　　图2-94

　　观察渲染的效果，地板和背景虽然连接上了，但还是有明显的分界，如图2-95所示。选中"地板"对象，然后添加"合成"标签，勾选"合成背景"选项，如图2-96所示。场景效果如图2-97所示。

图2-95　　　　　　　　　图2-96　　　　　　　　　图2-97

2.4 课后习题

　　下面通过两个简单的建模练习复习本章所学的知识点。

2.4.1 课后习题：立体字

实例文件	实例文件 >CH02> 课后习题：立体字
难易指数	★★
学习目标	练习参数化对象建模

　　本习题使用"文本"工具 T 文本 和"立方体"工具 立方体 制作一组立体字，效果如图2-98所示。

图2-98

2.4.2 课后习题: 卡通树

实例文件	实例文件 >CH02> 课后习题: 卡通树
难易指数	★★
学习目标	练习参数化对象建模

使用"圆锥体"工具 ▲ 圆锥体 和"圆柱体"工具 ▤ 圆柱体 制作不同形态的卡通树模型,效果如图2-99所示。

图2-99

第 3 章

03

生成器 / 变形器 /
效果器 / 域

　　参数化对象建模技术只能用来创建较为简单的模型，而不能创建较为复杂的模型。运用生成器、变形器、效果器和域能创建更为复杂的模型。

课堂学习目标

◆　掌握常用的生成器
◆　掌握常用的变形器
◆　掌握常用的效果器
◆　熟悉常用的域

3.1 | 生成器

生成器是Cinema 4D建模中非常重要的部分，使用它可以快速地完成一些复杂的操作。生成器可以用在内置几何体上，也可以用在样条上。生成器的图标为绿色，作为对象的父级使用，Cinema 4D中的生成器如图3-1所示。

图3-1

本节工具介绍

工具名称	工具作用	重要程度
细分曲面	圆滑模型的同时增加分段数	高
布料曲面	为单面模型增加厚度	中
挤压	给样条增加厚度	高
旋转	使样条旋转从而形成三维模型	高
扫描	将样条按照另一个图形路径生成三维模型	高
样条布尔	对样条进行布尔运算	高
布尔	对模型进行布尔运算	中
晶格	按照模型布线生成模型	高
减面	减少模型的面数	高
克隆	以多种形式复制对象	高
破碎（Voronoi）	生成对象的破碎效果	中
体积生成	生成体积模型	高
体积网格	将体积模型实体化	高

3.1.1 课堂案例：管道

实例文件	实例文件 >CH03> 课堂案例：管道
难易指数	★★★
学习目标	掌握"扫描"生成器的用法

本案例的管道模型使用不同尺寸的圆形、圆柱体和"扫描"生成器等制作而成，模型效果如图3-2所示。

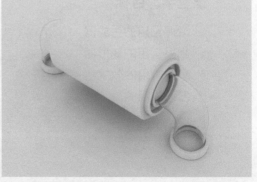

图3-2

01 使用"圆柱体"工具 在场景中创建一个圆柱体模型，设置"半径"为60cm，"旋转分段"为36，然后勾选"圆角"选项，设置"分段"为1，"半径"为3cm，效果及参数设置如图3-3所示。

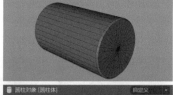
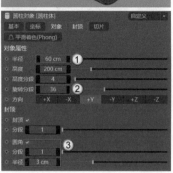

图3-3

02 使用"圆环"工具 在场景中创建一个圆环样条，设置"半径"为45cm，效果及参数设置如图3-4所示。

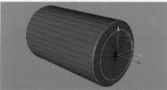
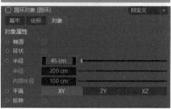

图3-4

03 使用"矩形"工具 在场景中创建一个矩形样条，设置"宽度"为5cm，"高度"为10cm，然后勾选"圆角"选项，设置"半径"为1cm，效果及参数设置如图3-5所示。

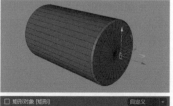
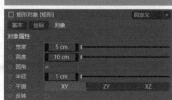

图3-5

04 为创建的圆环和矩形样条添加"扫描"生成器，在"对象"面板中，将"矩形"放在"圆环"的上方，如图3-6所示。模型效果如图3-7所示。

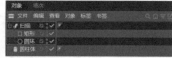

图3-6

图3-7

> **技巧与提示**
>
> 如果想直观地调节模型的宽度和高度，就需要将创建的矩形在不调整参数的情况下，添加到"扫描"生成器的下方，然后再调整这个矩形的参数。

05 使用"圆环"工具 在场景中创建一个"半径"为30cm的圆环样条，效果及参数设置如图3-8所示。

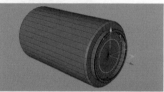
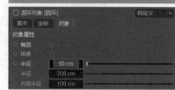

图3-8

06 使用"矩形"工具 在场景中创建一个"宽度"和"高度"都为6cm的矩形样条，然后勾选"圆角"选项，设置"半径"为1cm，效果及参数设置如图3-9所示。

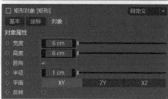

图3-9

07 为新创建的圆环和矩形样条添加"扫描"生成器 ，效果如图3-10所示。

图3-10

08 使用"样条画笔"工具 在场景中绘制一段样条，如图3-11所示。

图3-11

09 使用"圆环"工具 在场景中绘制一个"半径"为27cm，"内部半径"为25cm的环状样条，效果及参数设置如图3-12所示。

图3-12

10 为绘制的样条和环状样条添加"扫描"生成器 ，生成管道模型，如图3-13所示。

11 将步骤07中生成的管道模型向下复制一份，其放置位置如图3-14所示。

图3-13

图3-14

12 修改矩形的"高度"为15cm，模型效果如图3-15所示。

13 将创建的管道模型整体复制一份，然后移动到圆柱体的另一侧，案例效果如图3-16所示。

图3-15

图3-16

3.1.2 细分曲面

"细分曲面"生成器 可以将锐利边缘的模型变得圆滑，其效果及参数面板如图3-17所示。

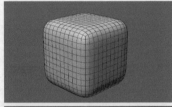

图3-17

参数详解

• **类型：** 系统提供了6种细分方式，不同的方式形成的效果和模型布线都有所区别。

• **编辑器细分：** 控制细分的圆滑程度和模型布线的疏密。数值越大，模型越圆滑，模型布线也越密。

> (!) 技巧与提示
>
> 为对象添加生成器后，需要在"对象"面板中将选中的对象作为生成器的子级，如图3-18所示。

图3-18

3.1.3 布料曲面

"布料曲面"生成器 是为单面模型增加细分数和厚度的工具。布料曲面效果及参数面板如图3-19所示。

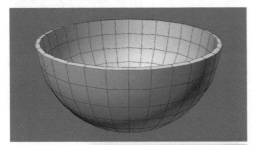

图3-21

图3-19

参数详解

• **细分数:** 设置模型的细分数。数值越大,模型的布线越多。

• **厚度:** 设置模型的厚度。

• **膨胀:** 勾选该选项后,模型会变形,效果如图3-20所示。

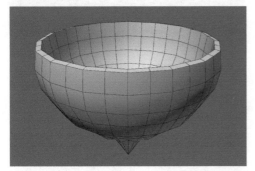

图3-20

3.1.4 挤压

"挤压"生成器 可以为绘制的样条生成厚度,使其成为三维模型。其"属性"面板中有"对象""封盖""选集"3个选项卡,效果及具体参数如图3-21所示。

参数详解

• **方向:** 控制样条挤压的方向,默认为"自动"。在下拉菜单中还可以选择其他挤压方向,如图3-22所示。

图3-22

• **偏移:** 设置挤压的厚度。

• **细分数:** 控制挤压的分段数,设置不同"细分数"值的模型效果如图3-23所示。

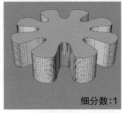
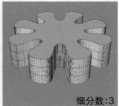

细分数:1   细分数:3

图3-23

• **起点封盖/终点封盖:** 默认勾选,代表挤出的模型顶部和底部处于封闭状态。如果不勾选该选项,则挤出的模型呈空心状态,如图3-24所示。

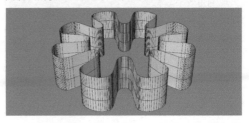

图3-24

● **独立斜角控制：** 勾选此选项，可以单独调整起点或终点的倒角效果，且面板中的参数也会发生相应的变化，如图3-25所示。

图3-25

● **倒角外形：** 控制挤出模型的倒角效果，在其后可以选择不同的倒角外形，如图3-26所示。不同的倒角外形的效果如图3-27所示。

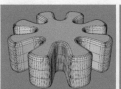
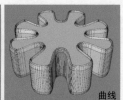

图3-26

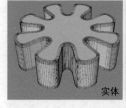
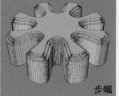

图3-27

● **尺寸：** 控制倒角的大小。

● **延展外形：** 勾选该选项后，倒角会以布线形式分布在原有模型上，但不会出现倒角效果，如图3-28所示。勾选该选项后，还会激活"高度"选项。

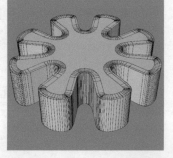

图3-28

● **高度：** 控制倒角的效果，当其为正值时倒角向外凸出，为负值时倒角向内凹陷，如图3-29所示。

高度：10cm　　　　高度：−10cm

图3-29

● **外形深度：** 控制倒角的圆滑程度。当该参数为正值时倒角向外扩张，当该参数为0时倒角变为切角，当该参数为负值时倒角向内凹陷，如图3-30所示。

外形深度：100%　　　外形深度：0%

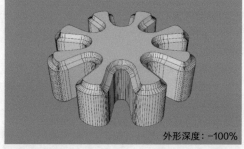

外形深度：−100%

图3-30

● **分段：** 控制倒角上的分段数量。

● **外侧倒角：** 勾选该选项后会显示模型最初的倒角效果，该模型的体积比原有的样条生成的模型体积大，如图3-31所示。

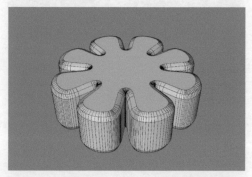

图3-31

- **封盖类型：** 控制上下两侧封顶的布线方式，一般保持默认设置即可。其他布线方式如图3-32所示。

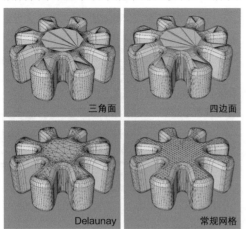

三角面　四边面　Delaunay　常规网格

图3-32

- **选集：** 在"选集"选项卡中勾选不同的选集类型后，"对象"面板的"挤压"选项后会出现相应的选集标签。选集可以方便后期快速添加材质，不需要将模型先转换为可编辑对象再单独赋予多边形材质，极大地提升了制作效率。图3-33所示为用选集快速赋予材质后的效果。

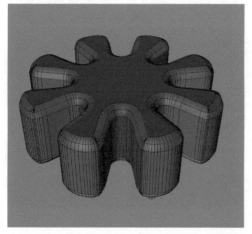

图3-33

3.1.5 旋转

　　"旋转"生成器![icon]的功能类似于3ds Max中的"车削"工具，可以将绘制的样条绕旋转轴旋转任意角度，从而形成三维模型。其"属性"面板中有"对象""封盖""选集"3个选项卡，效果及具体参数如图3-34所示。

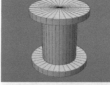

图3-34

参数详解

- **角度：** 设置样条旋转的角度，默认为360°。
- **细分数：** 设置模型在旋转轴上的细分数，数值越大，模型越圆滑，设置不同"细分数"值的模型效果如图3-35所示。

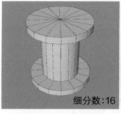

细分数:16　细分数:32

图3-35

- **移动：** 旋转的模型会在首尾相接的位置产生纵向位移，如图3-36所示。
- **比例：** 旋转的模型会在首尾相接处产生缩放效果，如图3-37所示。

图3-36　图3-37

> (!) **技巧与提示**
>
> 　　"旋转"生成器的"封盖"选项卡和"选集"选项卡中的参数与"挤压"生成器的一致，这里不再赘述。

3.1.6 扫描

"扫描"生成器 可以让一个图形按照另一个图形的路径生成三维模型。其效果及具体参数如图3-38所示。

图3-38

参数详解

• **网格细分：** 设置生成三维模型的细分数。

• **终点缩放：** 设置生成模型在终点处的缩放效果，如图3-39所示。

• **结束旋转：** 设置生成模型在终点处的旋转效果。

• **开始生长/结束生长：** 类似于"圆锥"工具的"切片"选项，用于控制生成模型的大小，如图3-40所示。

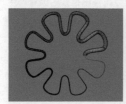

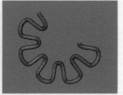

图3-39 图3-40

> ⓘ **技巧与提示**
>
> 在"对象"面板中，"扫描"生成器下方的第1个图形是扫描的图案，第2个图形是扫描的路径，如图3-41所示。
>
>
>
> 图3-41

3.1.7 样条布尔

"样条布尔"生成器 用于对样条进行布尔运算，其运算原理与"布尔"生成器 一样，运算效果及参数设置如图3-42所示。

图3-42

参数详解

• **模式：** 设置两个样条的计算方式，分别为"合集""A减B""B减A""与""或""交集"，效果如图3-43所示。

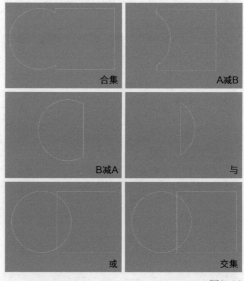

图3-43

• **轴向：** 设置生成样条的轴向。

• **创建封盖：** 勾选该选项后，会将新生成的样条变成三维模型。

3.1.8 布尔

"布尔"生成器 用于对两个三维模型进行布尔运算。运算效果及参数设置如图3-44所示。

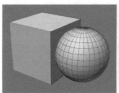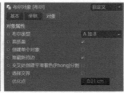

图3-44

参数详解

• **布尔类型：** 设置两个模型的运算方式，分别为"A加B""A减B""AB交集""AB补集"，效果如图3-45所示。

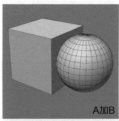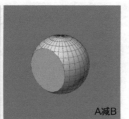

A加B　A减B

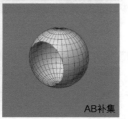

AB交集　AB补集

图3-45

> **技巧与提示**
>
> 初学者在使用"布尔"生成器时，可能会疑惑哪个是A对象，哪个是B对象。
>
> 在"对象"面板中，"布尔"对象有两个子级，上方的模型是A对象，下方的模型则是B对象，如图3-46所示。
>
> 图3-46
>
> 如果读者想切换A对象和B对象，只需要在"对象"面板中交换两个对象的位置即可。

• **高质量：** 默认勾选该选项，会高质量显示进行布尔运算后的效果。

• **创建单个对象：** 勾选该选项后，会将计算得到的模型新生成的边删掉，且该模型转换为可编辑对象后为单一的对象。

• **隐藏新的边：** 默认勾选该选项，会将计算得到的模型新生成的边隐藏。

3.1.9 晶格

"晶格"生成器 的作用与3ds Max中的"晶格"工具一样，都是根据模型的布线生成网格模型。晶格效果及参数设置如图3-47所示。

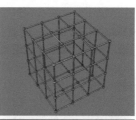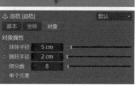

图3-47

参数详解

• **球体半径：** 设置沿模型顶点形成的球体的半径。

• **圆柱半径：** 设置沿模型边形成的圆柱体的半径。

• **细分数：** 设置晶格模型的细分数。

• **单个元素：** 勾选此选项后，当模型转换为可编辑对象时，会显示每一个点和每一条边。

3.1.10 减面

"减面"生成器 可以将模型的面数减少，形成低多边形效果。在制作低多边形风格的模型时，它是必不可少的工具。减面效果及参数设置如图3-48所示。

图3-48

参数详解

• **减面强度：** 设置模型减面的效果，数值越大，减面的效果越强。

• **三角数量：** 显示模型三角面的个数，此参数与"减面强度"的数值相关。

3.1.11 克隆

　　"克隆"生成器 ⬛ 克隆 可以将对象按照设定的方式进行复制。该生成器是一个使用频率很高的工具，克隆效果及参数设置如图3-49所示。

图3-49

参数详解

- **模式:** 设置克隆的模式。系统提供了"线性""放射""对象""网格""蜂窝"5种模式，效果如图3-50所示。

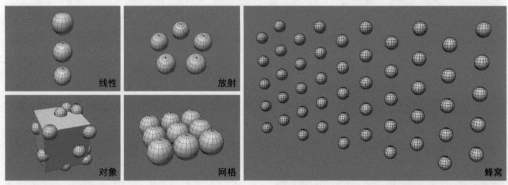

图3-50

- **数量:** 设置复制对象的数量。
- **位置.X/位置.Y/位置.Z:** 设置复制对象之间的距离。
- **半径:** 在"放射"模式中，设置复制对象的半径。
- **开始角度/结束角度:** 在"放射"模式中，设置复制对象的旋转角度。
- **分布:** 在"对象"模式中，设置复制对象的生成位置，其下拉菜单中的选项如图3-51所示。

图3-51

ℹ️ **技巧与提示**

　　读者需要注意的是，只有在"表面"和"体积"分布方式中才能调整克隆对象的数量，其余分布方式按照分布对象的布线位置自动生成克隆对象。

- **种子:** 在"对象"模式中，设置复制对象随机生成的效果。

• **尺寸：**在"网格"模式中，设置复制对象之间的距离。

• **宽数量/高数量：**在"蜂窝"模式中，设置复制对象的数量。

• **宽尺寸/高尺寸：**在"蜂窝"模式中，设置复制对象之间的距离。

• **位置.X/位置.Y/位置.Z：**设置复制对象整体的位置。

• **旋转.H/旋转.P/旋转.B：**设置复制对象整体的旋转角度。

• **颜色：**设置复制对象的颜色，默认为白色。

3.1.12 破碎（Voronoi）

"破碎（Voronoi）"生成器  可以将一个完整的对象随机分裂为多个碎片，通常需要配合动力学工具实现破碎效果。破碎效果及参数设置如图3-52所示。

图3-52

参数详解

• **着色碎片：**将碎片以不同颜色进行显示，如图3-53所示。默认勾选该选项。

• **偏移碎片：**设置碎片之间的距离，如图3-54所示。

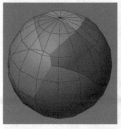

图3-53   图3-54

• **仅外壳：**勾选该选项后，模型成为空心状态。

• **点数量：**控制模型所生成碎片的数量，如图3-55所示。

图3-55

3.1.13 体积生成

"体积生成"生成器  可以将多个对象合并为一个新的对象，但这个对象不能被渲染。体积生成可以理解为一种高级的布尔运算，所生成的模型效果更好，布线也更均匀。体积生成效果及参数设置如图3-56所示。

图3-56

参数详解

• **体素类型：**设置体积生成模型的类型。系统提供"SDF""雾""矢量"3种类型，效果如图3-57所示。

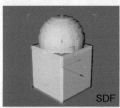

图3-57

• **体素尺寸**：设置体积生成模型的精度，数值越小，模型精度越高。

> ⚠ **技巧与提示**
>
> 需要注意，若"体素尺寸"的值设置得太小，则系统会发出警告，可能会造成系统崩溃。

• **对象**：显示需要合成的对象。

• **模式**：显示对象间的合成模式，系统提供了"加""减""相交"3种模式，效果如图3-58所示。

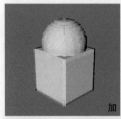
加

减

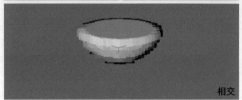
相交

图3-58

• **SDF平滑**：单击此按钮，"对象"面板中会增加"SDF平滑"层，对象会形成平滑效果，如图3-59所示。

• **强度**：设置模型平滑的强度。

• **执行器**：设置平滑的类型。

图3-59

• **体素距离**：设置平滑的大小，数值越大，平滑效果越明显，如图3-60所示。

体素距离:2

体素距离:3

图3-60

3.1.14 体积网格

"体积网格"生成器  可以为体积生成模型添加网格，使其转换为实体模型。添加了"体积网格"生成器的对象才可以被渲染。其效果及参数面板如图3-61所示。

图3-61

参数详解

• **体素范围阈值**：设置网格的大小，一般保持默认即可。

• **自适应**：设置模型布线的多少，默认为0%。

3.2 变形器

Cinema 4D中自带的变形器的图标为紫色，作为对象的子级或与对象平级，如图3-62所示。变形器通常用于改变参数化对象的形态，使其扭曲、倾斜或旋转等。

图3-62

本节工具介绍

工具名称	工具作用	重要程度
弯曲	弯曲模型	高
膨胀	放大或缩小模型	中
锥化	部分放大或缩小模型	中
扭曲	旋转模型	中
FFD	调整模型的形态	中
样条约束	改变模型形状	高
置换	减少模型的面数	高

3.2.1 课堂案例：甜筒

实例文件	实例文件 >CH03> 课堂案例：甜筒
难易指数	★★★
学习目标	掌握"锥化"变形器和"扭曲"变形器的用法

本案例使用"星形"工具、"扫描"生成器和"锥化"变形器等制作甜筒模型，案例效果如图3-63所示。

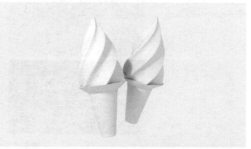

图3-63

01 使用"星形"工具☆ 在场景内创建一个星形样条，设置"内部半径"为100cm，"外部半径"为200cm，"螺旋"为40%，"点"为6，效果及参数设置如图3-64所示。

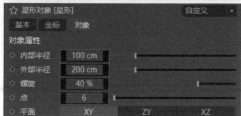

图3-64

02 使用"样条画笔"工具 在场景中绘制一条直线段，如图3-65所示。

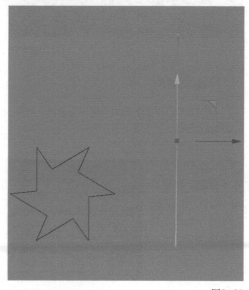

图3-65

03 使用"扫描"生成器 ⟦扫描⟧ 对星形样条和直线段进行扫描，效果如图3-66所示。

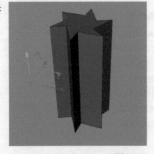

图3-66

04 观察生成的模型，发现模型没有分段。选中样条，设置"点插值方式"为"统一"，"数量"为10，效果及参数设置如图3-67所示。

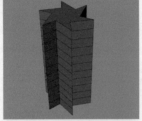

图3-67

05 选中"扫描"对象，然后按C键将其转换为可编辑对象，如图3-68所示。

图3-68

> **技巧与提示**
>
> 将"扫描"对象转换为可编辑对象便于后续添加变形器作为其子级。

06 长按"弯曲"按钮 ⟦弯曲⟧，在弹出的面板中选择"锥化"选项，如图3-69所示。

图3-69

07 将"锥化"放置于"扫描"的下方，作为其子级，如图3-70所示。

图3-70

08 选中"锥化"对象，在参数面板中单击"匹配到父级"按钮 ⟦匹配到父级⟧，然后设置"强度"为100%，如图3-71所示。

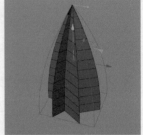

图3-71

> **技巧与提示**
>
> 单击"匹配到父级"按钮 ⟦匹配到父级⟧ 后，变形器的外框会自动匹配模型的外轮廓。

09 添加"扭曲"变形器 ⟦扭曲⟧，并将其放置在"扫描"的下方，如图3-72所示。

图3-72

10 选中"扭曲"对象，然后在参数面板中单击"匹配到父级"按钮 ⟦匹配到父级⟧，并设置"角度"为150°，如图3-73所示。

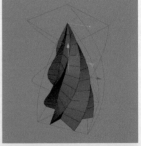

图3-73

⑪ 此时模型的边缘过于锐利，单击"细分曲面"按钮 ，然后将"扫描"放置在"细分曲面"的下方，如图3-74所示。模型效果如图3-75所示。

图3-74

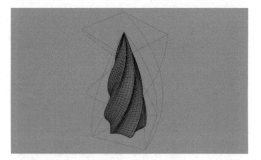

图3-75

⑫ 此时模型过高，用"缩放"工具 🔲 适当调整其高度，效果如图3-76所示。

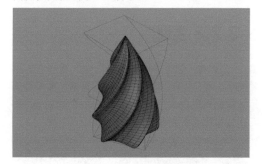

图3-76

⑬ 使用"圆锥体"工具 🔲 在模型下方创建一个圆锥体模型，设置"顶部半径"为170cm，"底部半径"为100cm，"高度"为50cm，"旋转分段"为36，效果及参数设置如图3-77所示。

图3-77

⑭ 将圆锥体模型向下复制一份，修改"顶部半径"为100cm，"底部半径"为50cm，"高度"为300cm，效果及参数设置如图3-78所示。

图3-78

⑮ 在"过滤"菜单中取消勾选"变形器"选项，模型最终效果如图3-79所示。

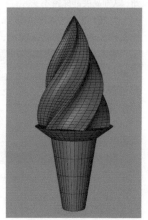

图3-79

3.2.2 弯曲

"弯曲"变形器 🔲 可以将模型进行任意角度的弯曲。其参数面板由"对象"和"域"两个选项卡组成。弯曲效果和参数面板如图3-80所示。

图3-80

参数详解

- **尺寸：** 设置变形器的紫色边框大小。
- **对齐：** 设置弯曲的轴向。
- **匹配到父级：** 单击此按钮后，变形器的边框

将自动匹配模型的大小，如图3-81所示。

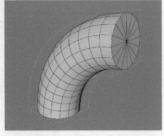

图3-81

- **强度：** 设置模型弯曲的强度。
- **角度：** 设置模型弯曲时旋转的角度。
- **保持长度：** 勾选该选项后，模型无论怎样弯曲，纵轴高度都保持不变。
- **域：** 在下方面板中添加不同形状的域，可以控制模型弯曲时的衰减情况，图3-82所示为添加了"球体域"的效果，只有处于球体域范围内的模型才会被"弯曲"变形器所影响。

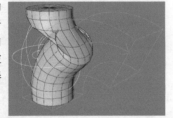

图3-82

ℹ️ **技巧与提示**

调整变形器的边框大小可以控制模型变形效果。下面以"弯曲"变形器为例进行讲解。

默认的"弯曲"变形器边框的长、宽和高都为250cm，效果如图3-83所示。

设置边框的长、宽和高都为100cm，效果如图3-84所示。

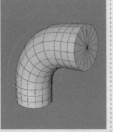

图3-83　　　　　图3-84

用"移动"工具➕移动边框，可以观察到模型的形状随着边框的移动而改变，如图3-85所示。只有在紫色边框内的模型才会扭曲，而在边框以外的模型则保持原状。同理用"旋转"工具🔄和"缩放"工具🔲也能控制紫色的边框。

如果在操作时，觉得紫色的边框影响操作，可以在"过滤"菜单中取消勾选"变形器"选项，紫色的边框就会隐藏，如图3-86所示。

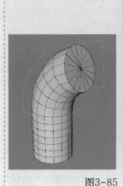

图3-85　　　　　图3-86

3.2.3 膨胀

"膨胀"变形器🔵 膨胀 可以让模型局部放大或缩小。与"弯曲"变形器一样，"膨胀"变形器的参数面板也包含"对象"和"域"两个选项卡。膨胀效果和参数面板如图3-87所示。

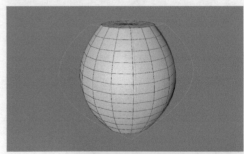

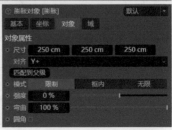

图3-87

参数详解

• **强度：** 设置模型放大或缩小的强度。当该数值为正值时模型向外扩大，当该数值为负值时模型向内缩小，如图3-88所示。

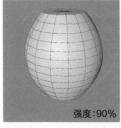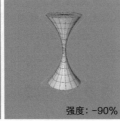

强度:90%　　　　　　强度:-90%

图3-88

• **弯曲：** 设置变形器外框的弯曲程度，如图3-89所示。

• **圆角：** 勾选该选项后，模型会呈现圆角效果，如图3-90所示。

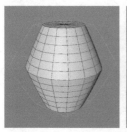

图3-89　　　　　　图3-90

3.2.4 锥化

"锥化"变形器 可以让模型部分缩小或放大。"锥化"变形器的参数面板也是由"对象"和"域"两个选项卡组成的。锥化效果和参数面板如图3-91所示。

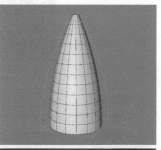

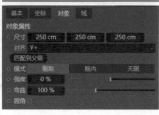

图3-91

参数详解

• **强度：** 设置模型缩小或放大的强度。当该数值为正值时，模型缩小；当该数值为负值时，模型放大，如图3-92所示。

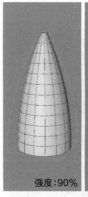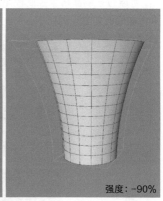

强度:90%　　　　　　强度:-90%

图3-92

• **弯曲：** 设置模型弯曲的强度。

3.2.5 扭曲

"扭曲"变形器 可以让模型自身形成扭曲旋转效果，其效果与参数面板如图3-93所示。

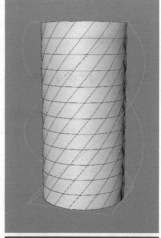

图3-93

参数详解

• **角度：** 设置模型旋转扭曲的角度。

3.2.6 FFD

使用FFD变形器时，模型外部会形成晶格，可通过控制晶格来控制模型的形状，其效果和参数面板如图3-94所示。

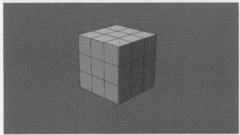

图3-94

参数详解

- **栅格尺寸：** 设置外部紫色栅格的尺寸。
- **水平网点：** 设置水平方向的晶格点数。
- **垂直网点：** 设置垂直方向的晶格点数。
- **纵深网点：** 设置纵深方向的晶格点数。

3.2.7 样条约束

"样条约束"变形器可以将模型按照样条路径生成新的模型。"样条约束"变形器的参数面板中只有"对象"选项卡。其效果和参数面板如图3-95所示。

图3-95

参数详解

- **样条：** 链接绘制的样条路径。
- **轴向：** 设置模型生成的轴向，选择不同轴向会形成不同的模型效果。
- **强度：** 设置模型生成的比例。
- **偏移：** 设置模型在样条路径上的位移。
- **起点/终点：** 设置模型在样条路径上的起点和终点。

3.2.8 置换

"置换"变形器可以按照颜色或贴图对模型进行变形，与"减面"生成器配合使用可制作具有低多边形效果的模型。"置换"变形器的参数面板由"对象""着色""域""刷新"4个选项卡组成。其效果和参数面板如图3-96所示。

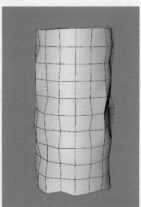

图3-96

参数详解

- **强度：** 设置模型置换变形的强度。
- **高度：** 设置模型挤出部分的高度。
- **类型：** 设置置换的类型，其下拉菜单中的选项如图3-97所示。

图3-97

- **着色器：** 添加置换贴图的位置。

3.3 效果器和域

效果器和域属于建模的辅助工具，需要配合生成器或变形器使用才能实现想要的效果，不能单独作用于模型上。图3-98所示的是效果器和域面板，效果器图标为紫色，域图标为洋红色。本节讲解常用的效果器和域。

图3-98

本节工具介绍

工具名称	工具作用	重要程度
推散	推散模型	高

3.3.1 课堂案例：抽象立方体场景

实例文件	实例文件 >CH03> 课堂案例：抽象立方体场景
难易指数	★ ★ ★
学习目标	掌握"随机"效果器和"球体域"的使用方法

效果器和域可以为生成器提供更多的变化效果。本案例运用"随机"效果器 和"球体域" 制作一个抽象场景，如图3-99所示。在场景模型的基础上可以将其制作为动画，也可以作为海报的背景。

图3-99

01 使用"立方体"工具 创建一个立方体模型，具体参数及效果如图3-100所示。

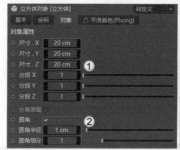

图3-100

02 为立方体添加"克隆"生成器🔲，设置"数量"为25、1、36，"尺寸"为20cm、200cm、20cm，效果及参数设置如图3-101所示。

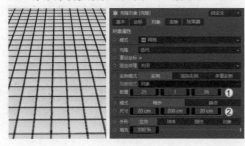
图3-101

03 选中"克隆"生成器，然后添加"随机"效果器🔲，此时画面中的立方体会随机移动，如图3-102所示。

图3-102

04 在"随机"效果器的"参数"选项卡中勾选"缩放""等比缩放""绝对缩放"3个选项，设置"缩放"为-0.5，效果及参数设置如图3-103所示。

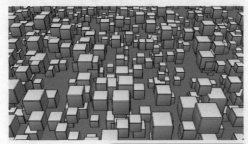

图3-103

05 切换到"域"选项卡，添加"球体域"🔲，如图3-104所示。可以在视图窗口中观察到在域范围内的立方体发生了随机位移，域范围外的则没有变化，如图3-105所示。

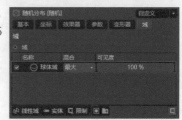
图3-104

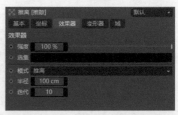
图3-105

3.3.2 推散

"推散"效果器🔲可以将对象从中心点向外推开，可加载在"克隆"生成器🔲中，适合用来制作动画，其参数面板如图3-106所示。

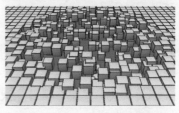
图3-106

参数详解

• **强度：** 控制效果器的强度，数值越大效果越明显。

• **模式：** 在下拉菜单中可以选择不同的效果，如图3-107所示。每种模式对应的效果如图3-108所示。

图3-107

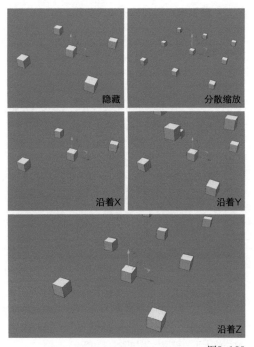

图3-108

• **半径：** 控制推散的范围。

3.3.3 随机

"随机"效果器 的使用频率很高，无论是制作静帧图像还是制作动画都可以使用，其参数面板如图3-109所示。

图3-109

参数详解

• **位置：** 控制对象在*x*轴、*y*轴和*z*轴上的随机位移最大距离。

• **旋转：** 勾选后，控制对象在*x*轴、*y*轴和*z*轴上的随机旋转最大角度。

• **缩放：** 该参数相对特殊一些，分为"等比缩放"和"绝对缩放"两种状态。

• **等比缩放：** 勾选该选项后会显示"缩放"参数，视图窗口中的立方体模型会随机地放大或缩小，效果及参数设置如图3-110所示。

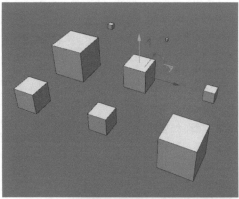

图3-110

• **绝对缩放：** 勾选该选项后无论怎样调整"缩放"参数，视图窗口中的所有模型要么全部随机放大，要么全部随机缩小，不会出现有的放大有的缩小的情况，效果及参数设置如图3-111所示。

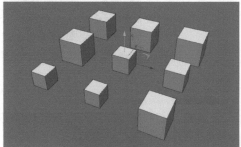
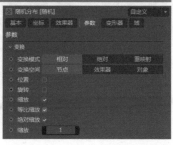

图3-111

3.3.4 随机域

使用"随机域" 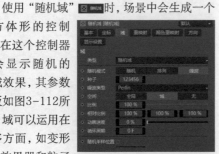 时，场景中会生成一个立方体形的控制器，在这个控制器中会显示随机的衰减效果，其参数面板如图3-112所示。域可以运用在很多方面，如变形器、效果器和粒子等。域可以理解为一个衰减区域，在该区域内的对象会受到影响，在该区域外的对象则不受影响。

图3-112

参数详解

- **类型：**在下拉菜单中可以选择其他类型的域，如图3-113所示。

图3-113

- **随机模式：**3种随机模式的效果如图3-114所示。

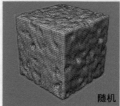

图3-114

- **噪波类型：**在下拉菜单中可以选择不同的噪波分布效果，如图3-115所示。
- **比例：**控制全局的噪波缩放大小，设置不同噪波缩放大小的模型效果如图3-116所示。

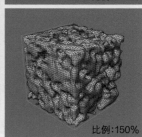

图3-115　　　　图3-116

- **相对比例：**分别控制x轴、y轴和z轴上的噪波缩放大小。

> **⚠ 技巧与提示**
>
> "域"面板中的其他类型的域与"随机域"的用法和原理基本一致，都是以自身形状作为衰减区域，读者可自行尝试。

3.4 课后习题

下面通过两个课后习题，复习巩固本章所学的知识点。

3.4.1 课后习题：低多边形小景

实例文件	实例文件 >CH03> 课后习题：低多边形小景
难易指数	★★
学习目标	掌握"减面"生成器的使用方法

本习题使用"减面"生成器配合常用的参数化对象模型制作一组简单的低多边形风格的模型，效果如图3-117所示。

图3-117

3.4.2 课后习题：噪波球

实例文件	实例文件 >CH03> 课后习题：噪波球
难易指数	★★
学习目标	掌握"置换"变形器的使用方法

本习题的模型是用球体模型和"置换"变形器制作而成的，效果如图3-118所示。

图3-118

第 4 章

可编辑对象建模

在Cinema 4D中，可编辑对象建模难度更高，操作也更加灵活，可以创建出一些参数化对象建模所不能创建的模型。雕刻是在可编辑对象建模的基础上进行的不规则的建模。

课堂学习目标

◆ 掌握样条的编辑方法

◆ 掌握三维模型的编辑方法

◆ 熟悉雕刻笔刷的使用方法

4.1 可编辑样条

在第2章中，我们学习了常见的样条的创建方法。只有使用"样条画笔"工具 绘制的样条可以直接编辑（调整点的形状），其余的样条都只能调整其参数，无法直接改变其形态。本节将讲解编辑样条的方法。

本节工具介绍

工具名称	工具作用	重要程度
转为可编辑对象	将样条转换为可编辑状态	高
编辑样条的工具	编辑样条的形态	高

4.1.1 课堂案例：立体文字

实例文件	实例文件 >CH04> 课堂案例：立体文字
难易指数	★★★
学习目标	掌握样条的编辑方法

本案例的立体文字模型由可编辑样条和"扫描"生成器制作而成，模型效果如图4-1所示。

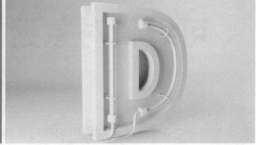

图4-1

01 在正视图中单击"文本样条"按钮 ，在场景中创建字母D，然后在"对象"选项卡中设置"字体"为Segoe UI Black，"高度"为200cm，效果及参数设置如图4-2所示。

> **① 技巧与提示**
>
> 读者也可以选择其他粗体类字体，这样比较容易观察笔画的走向。

02 选中上一步创建的文本样条，添加"挤压"生成器 ，效果如图4-3所示。

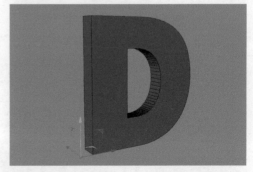

图4-2

图4-3

03 选中"挤压"生成器,在"对象"选项卡中设置 "偏移"为 40cm,在 "封盖和倒角"选项卡 中设置"外形"为"步 幅","尺寸" 为−10cm, "细分"为 1,效果及 参数设置如 图4-4所示。

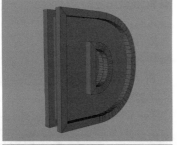

图4-4

04 使用"样条画笔"工具 在模型内绘制两 个样条,效果如图4-5 所示。

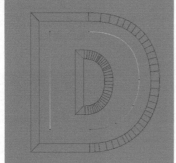

图4-5

05 创建一个"半径"为2cm的圆环,然后添加"扫 描"生成器 ,将"圆 环"和"样 条"都放置 于"扫描" 生成器的下 方,如图4-6 所示。

图4-6

06 选中"扫描"对象,然后按快捷键Ctrl+C进行 复制,接着 按快捷键 Ctrl+V进行 粘贴,效果如 图4-7所示。

图4-7

07 选中"圆环"对象,在其参数面板中勾选"环 状"选项, 设置"半径" 为5cm,"内 部半径"为 4.5cm,效 果及参数设 置如图4-8 所示。

图4-8

图4-9

08 使用"圆柱体"工具 圆柱体 在场景中创建一个圆柱体模型，设置"半径"为6cm，"高度"为8cm，勾选"圆角"选项，设置"分段"为1，"半径"为0.2cm，然后将其放置在模型的底部，效果及参数设置如图4-10所示。

图4-10

09 将上一步创建的圆柱体模型复制多个，分别摆放在扫描模型的端头位置，如图4-11所示。

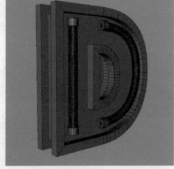

图4-11

10 使用"圆环"工具 圆环 在场景中创建一个"半径"为6cm的圆环样条，如图4-12所示。

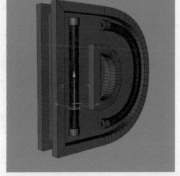

图4-12

11 选中上一步创建的圆环样条，单击"转为可编辑对象"按钮 将其转换为可编辑样条，然后在"点"模式 中选中图4-13所示的点并将其删除，效果如图4-14所示。

图4-13

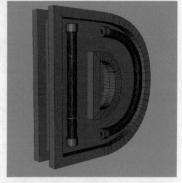

图4-14

12 在顶视图中选中图4-15所示的起始点，然后按住Ctrl键并将其向上移动一段距离，使其与文字模型相接，效果如图4-16所示。

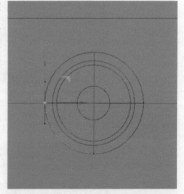

图4-15

图4-16

13 选中图4-17所示的点，然后单击鼠标右键，在弹出的菜单中选择"点顺序>设置起点"选项，将其设置为起点；接着按照上一步的方法将其移动一段距离，使其与文字模型相接，如图4-18所示。

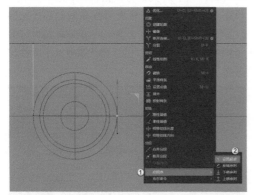

图4-17

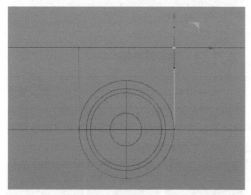

图4-18

14 使用"圆环"工具 新建一个"半径"为0.8cm的圆环样条，然后使用"扫描"生成器对圆环与上一步调整好的样条进行扫描，生成的模型效果如图4-19所示。

图4-19

15 将生成的模型复制几份，效果如图4-20所示。

图4-20

16 使用"矩形"工具 在场景中创建一个"宽度"为15cm，"高度"为6cm的矩形样条，然后勾选"圆角"选项，设置"半径"为1cm，效果及参数设置如图4-21所示。

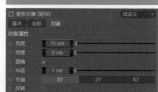

图4-21

17 为上一步绘制的矩形样条添加"挤压"生成器 ，设置"偏移"为0.5cm，"外形"为"圆角"，"尺寸"为0.2cm，"细分"为1，效果及参数设置如图4-22所示。

图4-22

18 将生成的矩形模型复制几份，放在圆环模型的后方，如图4-23所示。

19 使用"样条画笔"工具◢绘制两个样条，如图4-24所示。

图4-23   图4-24

20 使用"圆环"工具◎ 圆环 创建一个"半径"为2cm的圆环样条，然后使用"扫描"生成器 🔁 扫描 生成模型，效果如图4-25所示。

21 继续使用"样条画笔"工具◢绘制样条，如图4-26所示。

图4-25   图4-26

22 使用"圆环"工具◎ 圆环 绘制一个"半径"为1cm的圆环样条，然后使用"扫描"生成器 🔁 扫描 生成模型，案例最终效果如图4-27所示。

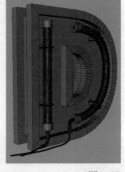

图4-27

4.1.2 转换为可编辑样条

要调整样条的形态，首先需要将其转换为可编辑样条。转换的方法很简单，选中样条后单击工具栏3中的"转为可编辑对象"按钮◢（C键）即可。将图4-28所示的矩形转换为可编辑样条后，就可以在"点"模式◎中直接调整其形态。

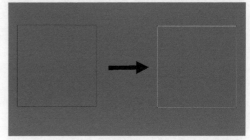

图4-28

4.1.3 编辑样条

转换为可编辑样条后，进入"点"模式◎就可以对样条进行编辑。选中需要修改的点，然后单击鼠标右键，在弹出的菜单中罗列了编辑样条的工具，如图4-29所示。

图4-29

工具详解

• **倒角**：以斜角处理选中的样条，如图4-30所示。

图4-30

- **创建点：** 在样条的任意位置添加新的点。
- **平滑：** 对选中的点进行平滑处理。
- **细分：** 将选中的点进行细分，增加点的数量。
- **焊接：** 将两个点进行连接。
- **优化：** 对选中的点进行优化处理。
- **创建轮廓：** 为所选样条创建轮廓，如图4-31所示。

图4-31

- **断开连接：** 断开当前所选样条的点，形成两个独立的点。
- **线性切割：** 在样条的任意位置添加点，如图4-32所示。

图4-32

- **排齐：** 将所选的点排齐。
- **刚性插值：** 设置选中的点为锐利的角点。
- **柔性插值：** 设置选中的点为贝塞尔角点。
- **相等切线长度：** 设置角点的控制手柄的长度相等。
- **相等切线方向：** 设置角点的控制手柄方向一致。
- **合并分段：** 合并样条的点。
- **断开分段：** 断开所选中点两侧的样条分段。
- **设置起点：** 设置所选点为样条的起点，此时所选的点为纯白色。

4.2 可编辑对象

本节将为读者讲解可编辑对象建模。使用多边形建模技术可以制作出大多数模型。

本节工具介绍

工具名称	工具作用	重要程度
转换为可编辑对象	将模型转换为可编辑状态	高
"点"模式	在"点"模式中编辑模型	高
"边"模式	在"边"模式中编辑模型	高
"多边形"模式	在"多边形"模式中编辑模型	高

4.2.1 课堂案例：音乐播放器

实例文件	实例文件 >CH04> 课堂案例：音乐播放器
难易指数	★★★★
学习目标	掌握可编辑对象建模

本案例使用立方体模型、圆柱体模型和多边样条等制作音乐播放器模型，案例效果如图4-33所示。

图4-33

01 使用"立方体"工具 在场景中创建一个
立方体模
型，设置
"尺寸.X"和
"尺寸.Y"都
为200cm，
"尺寸.Z"为
80cm，效
果及参数设
置如图4-34
所示。

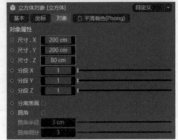

图4-34

02 将立方体模型转换为可编辑对象，在"边"层
级 中选中
图4-35所示
的边。

图4-35

03 使用"倒角"工具 对选中边进行倒角处理，设
置"偏移"为
50cm，"细
分"为6，效
果及参数设
置如图4-36
所示。

图4-36

04 选中图4-37所示的边，然后使用"缩放"工
具 将其向内收缩一部分，效果如图4-38所示。

图4-37   图4-38

05 切换到"多边形"模式 ，选中图4-39所示
的多边形，然后使用"挤压"工具 将其向外
挤出50cm，如图4-40所示。

图4-39   图4-40

06 继续使用"挤压"工具 将多边形向外挤
出30cm，然后使用"缩放"工具 将其向内缩
小，如图4-41和图4-42所示。

图4-41   图4-42

ⓘ 技巧与提示

缩放后的多边形与正面的多边形大小相同。

07 调整模型整体的厚度,效果如图4-43所示。

图4-43

08 在"多边形"模式🔳中选中图4-44所示的多边形,然后使用"嵌入"工具🔳将其向内挤出5cm,如图4-45所示。

图4-44　　　　图4-45

09 保持选中的多边形不变,然后使用"挤压"工具🔳将其向内挤出-5cm,如图4-46所示。

图4-46

10 切换到"边"模式🔳,然后选中图4-47所示的边,使用"倒角"工具🔳对其进行倒角处理,设置"偏移"为2.5cm,"细分"为3,效果及参数设置如图4-48所示。

图4-47

 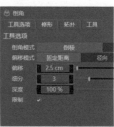

图4-48

11 使用"圆柱体"工具🔳在场景内创建一个圆柱体模型,效果及参数设置如图4-49所示。

图4-49

12 将圆柱体模型转换为可编辑对象,然后在"多边形"模式🔳中选中图4-50所示的多边形。

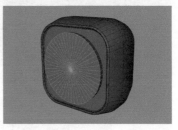

图4-50

13 使用"嵌入"工具🔳将其向内挤出10cm,然后使用"挤压"工具🔳将其向内挤出-8cm,如图4-51和图4-52所示。

图4-51　　　　图4-52

14 切换到"边"模式 ■，选中图4-53所示的边，使用"倒角"工具 ■对其进行倒角处理，效果及参数设置如图4-54所示。

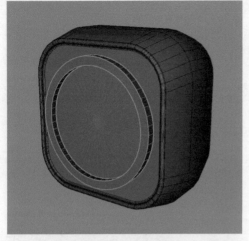

图4-53

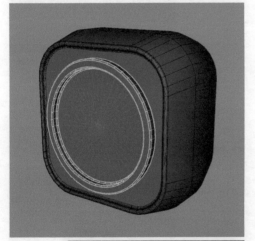

图4-54

15 使用"圆柱体"工具 ■ ■■ 在场景内创建一个圆柱体模型，效果及参数设置如图4-55所示。

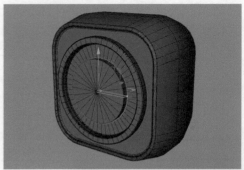

图4-55

16 将上一步创建的圆柱体模型转换为可编辑对象，在"多边形"模式 ■中选中图4-56所示的多边形。

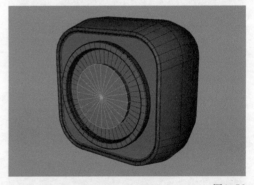

图4-56

17 保持选中的多边形不变，使用"嵌入"工具 ■将其向内挤出3cm，然后使用"挤压"工具 ■将其向内挤出-3cm，如图4-57和图4-58所示。

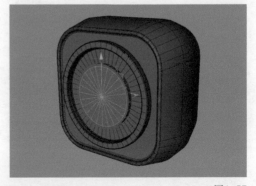

图4-57

图4-58

18 切换到"边"模式❶，选中图4-59所示的边，然后使用"倒角"工具❷对其进行倒角处理，效果及参数设置如图4-60所示。

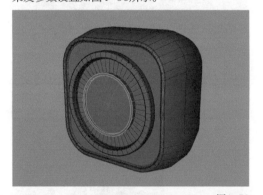

图4-59

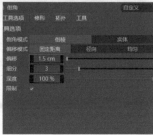

图4-60

19 使用"立方体"工具 ⬡ 立方体 在场景中创建一个立方体模型，效果及参数设置如图4-61所示。

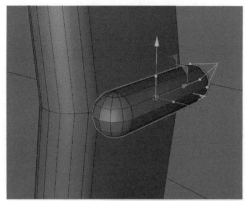

图4-61

20 为立方体添加"克隆"生成器 ⬡ 克隆，设置"模式"为"放射"，"数量"为35，"半径"为46cm，效果及参数设置如图4-62所示。

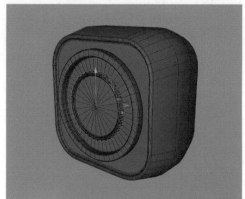

图4-62

21 使用"多边"工具 ◯ 多边 在场景中创建一个多边样条, 设置"半径"为35cm, "侧边"为3, 勾选"圆角"选项, 设置"半径"为3cm, 效果及参数设置如图4-63所示。

图4-63

22 为上一步绘制的多边样条添加"挤压"生成器 ◯ 挤压, 设置"偏移"为10cm, "尺寸"为3cm, "细分"为3, 效果及参数设置如图4-64所示。

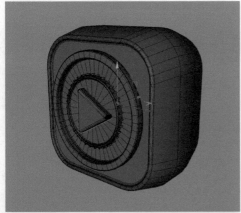

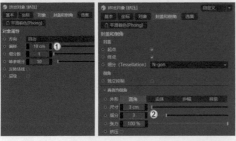

图4-64

23 使用"圆环面"工具 ◯ 圆环面 在场景中创建一个圆环模型, 设置"圆环半径"为55cm, "圆环分段"为64, "导管半径"为3cm, "导管分段"为16, 勾选"切片"选项, 设置"起点"为0°, "终点"为270°, 效果及参数设置如图4-65所示。

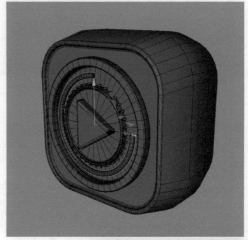

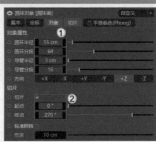

图4-65

24 使用"球体"工具 ◯ 球体 在圆环模型的端点位置创建一个"半径"为5cm的球体模型, 如图4-66所示。

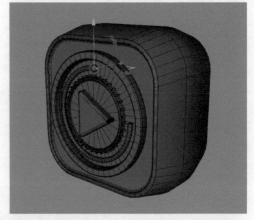

图4-66

25 使用"立方体"工具 ⬛ 立方体 在模型上方创建一个立方体模型,效果及参数设置如图4-67所示。

图4-67

26 将立方体模型复制一份,然后修改其参数,效果及参数设置如图4-68所示。

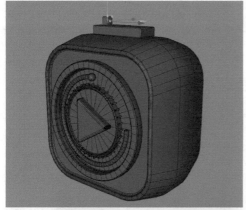

图4-68

27 将立方体模型向右复制一份,然后修改其参数,效果及参数设置如图4-69所示。

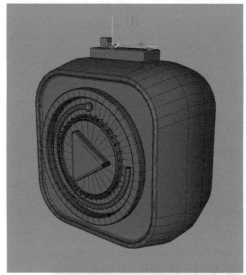

图4-69

28 将高的立方体复制4个,放在矮立方体的右侧,效果如图4-70所示。

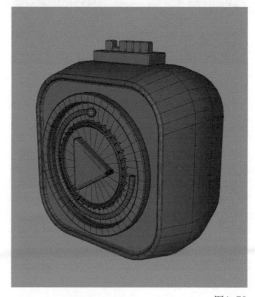

图4-70

㉙ 细化模型后，案例的最终效果如图4-71所示。

图4-71

4.2.2 转换为可编辑对象

要想编辑三维模型，必须先将其转换为可编辑对象。转换的方法十分简单，只需要选中需要转换的模型，然后单击"转为可编辑对象"按钮（C键）即可，如图4-72所示。

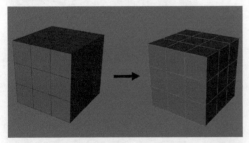

图4-72

> ⓘ **技巧与提示**
>
> 在"对象"面板中，转换为可编辑对象的立方体左侧
> 的图案会
> 从图4-73
> 所示的图
> 案变成图
> 4-74所示
> 的图案。
>
> 图4-73
>
> 图4-74

4.2.3 编辑多边形对象

编辑多边形有3种模式，分别是"点" 、"边" 和"多边形" 模式，如图4-75所示。在工具栏1中可以快速切换这3种模式。

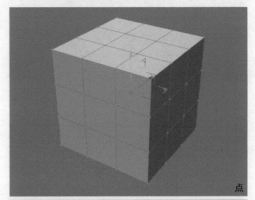

点

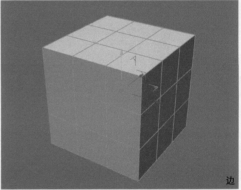

边

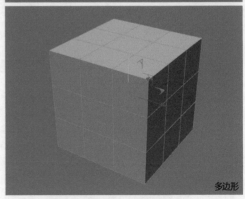

多边形

图4-75

1."点"模式

在不同模式下，单击鼠标右键弹出菜单的内容不尽相同。图4-76所示的是"点"模式 下弹出的菜单。

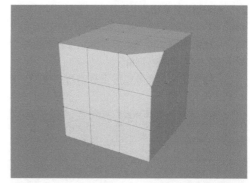

图4-76

图4-78

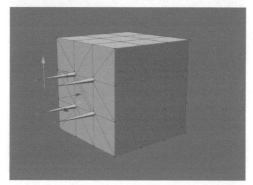

图4-79

选项详解

· **多边形画笔:** 可以在多边形上连接任意的点、线和多边形。

· **创建点:** 在模型的任意位置添加新的点。

· **封闭多边形孔洞:** 将多边形的孔洞直接封闭，如图4-77所示。

· **桥接:** 将两个断开的点进行连接，如图4-80所示。

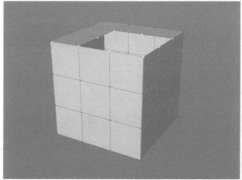

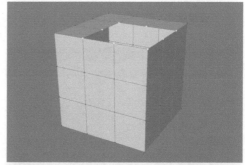

图4-77

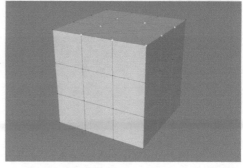

· **倒角:** 对选中的点进行倒角以生成新的边，如图4-78所示。它是多边形建模中使用频率很高的工具之一。

· **挤压:** 将选中的对象向外或向内挤压，如图4-79所示。

图4-80

- **坍塌：**将选中的点合并为一个点，如图4-81所示。
- **优化：**优化当前模型。当倒角出现问题时，需要先优化模型，再进行倒角。
- **线性切割：**在多边形上分割新的边，如图4-82所示。

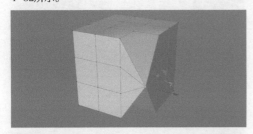

图4-81

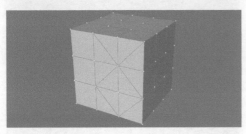

图4-82

- **循环/路径切割：**沿着多边形的一圈点或边添加新的边，是多边形建模中使用频率很高的工具之一，如图4-83所示。
- **连接点/边：**将选中的点或边相连，如图4-84所示。

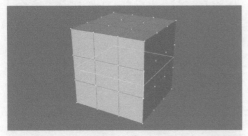

图4-83

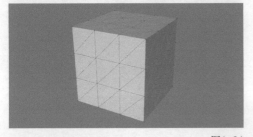

图4-84

2. "边"模式

在"边"模式下，单击鼠标右键，弹出的菜单如图4-85所示。

图4-85

选项详解

- **提取样条：**可以将选中的边单独分离成样条，如图4-86所示。

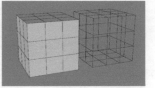

图4-86

> ⓘ **技巧与提示**
>
> 其余参数与"点"模式◎相同，这里不再赘述。

3. "多边形"模式

单击"多边形"按钮🔲，单击鼠标右键，弹出的菜单，如图4-87所示。

图4-87

选项详解

- **挤压：** 将选中的面挤出或压缩，如图4-88所示。该工具是多边形建模中使用频率很高的工具之一。

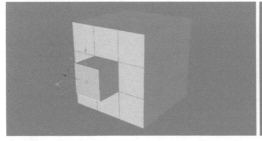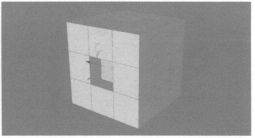

图4-88

> **技巧与提示**
>
> 按住Ctrl键移动选中的面，可以将其快速挤出。

- **嵌入：** 向内挤压选中的多边形，如图4-89所示。该工具也是多边形建模中使用频率很高的工具之一。
- **三角化：** 使选中的面变形为三角面，如图4-90所示。
- **反转法线：** 将选中的面的法线方向反转，如图4-91所示。

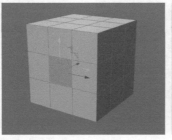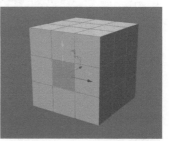

图4-89　　　　　　　　图4-90　　　　　　　　图4-91

4.3 雕刻

使用Cinema 4D的雕刻系统中预置的各种笔刷配合多边形建模，可以制作出形态丰富的模型，包括液态类模型。

本节工具介绍

工具名称	工具作用	重要程度
笔刷	雕刻模型	高

4.3.1 课堂案例：甜甜圈

实例文件	实例文件 >CH04> 课堂案例：甜甜圈
难易指数	★★★
技术掌握	熟悉常用的雕刻工具

本案例的甜甜圈模型的制作由可编辑对象建模和雕刻建模两部分组成，模型效果如图4-92所示。

图4-92

01 在场景中创建一个管道模型，设置"外部半径"

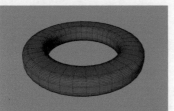

为200cm，"内部半径"为100cm，"高度"为60cm，"高度分段"为1，勾选"圆角"选项，并设置"分段"为8，"半径"为20cm，效果及参数设置如图4-93所示。

图4-93

02 将上一步创建的模型复制一份，然后修改"外部半径"为

205cm，"内部半径"为115cm，"封顶分段"为4，"高度"为20cm，接着修改圆角的"分段"为2，"半径"为10cm，效果及参数设置如图4-94所示。

图4-94

03 按C键将修改后的管道模型转换为可编辑对象，然后进入"多边形"模式📄，用"挤压"工具 ⚙ 挤压 挤出边缘的面，效果如图4-95所示。

04 选中挤出的多边形，将其上下移动，效果如图4-96所示。这样可以做出巧克力流动的大致效果。

图4-95   图4-96

05 将界面切换到"Sculpt"，然后单击"细分"按钮📊，增加上方模型的细分数，方便接下来的雕刻工作，效果如图4-97所示。

06 使用"绘制"工具🖌增强巧克力模型的液体感，如图4-98所示。

图4-97   图4-98

ⓘ 技巧与提示

"平滑"工具🖌可以对多边形进行平滑处理。

07 使用"膨胀"工具，让甜甜圈上方形成圆弧效果，如图4-99所示。

08 继续使用"绘制"工具增加细节，并用"平滑"工具让甜甜圈的边缘变得更加平滑，如图4-100所示。

图4-99　　　　　　图4-100

09 返回标准界面，在场景中创建一个圆柱体模型，设置"半径"为3cm，"高度"为15cm，"高度分段"为1，"旋转分段"为36，勾选"圆角"选项，设置"分段"为2，"半径"为3cm，效果及参数设置如图4-101所示。

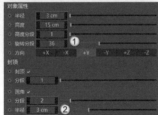

图4-101

10 为圆柱体模型添加"克隆"生成器，然后将"圆柱体"放置于"克隆"的下方，效果如图4-102所示。

图4-102

11 选中"克隆"对象，设置"模式"为"对象"，"对象"为"管道.1"，"分布"为"表面"，"数量"为200，效果及参数设置如图4-103所示。

图4-103

技巧与提示

修改"种子"参数可以更改圆柱体随机排列的位置。

12 为"克隆"添加"随机"效果器，然后勾选"等比缩放"选项，设置"缩放"为0.25，R.B为160°，如图4-104所示。甜甜圈最终效果如图4-105所示。

图4-104

图4-105

4.3.2 切换雕刻界面

除了可以在菜单栏中选择雕刻笔刷，Cinema 4D也提供了专门的雕刻界面，以方便操作。单击工作界面上方的"Sculpt"按钮，工作界面将切换到用于雕刻的界面，如图4-106所示。

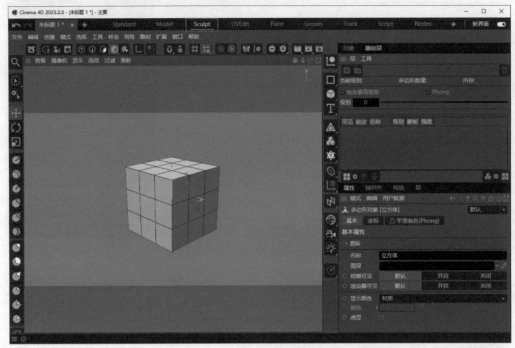

图4-106

4.3.3 笔刷

Cinema 4D雕刻系统中预置的笔刷类似ZBrush的笔刷，可以实现抓取、铲平和挤捏等效果。工具栏2中罗列了不同类型的笔刷，如图4-107所示。

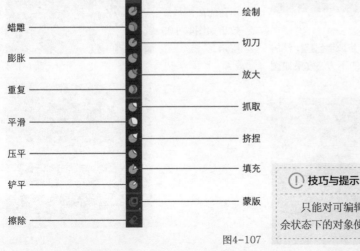

图4-107

> (!) **技巧与提示**
>
> 只能对可编辑对象使用雕刻笔刷，不能对其余状态下的对象使用雕刻笔刷。

工具详解

- **绘制:** 使部分模型被拉起,形成膨胀效果,如图4-108所示。
- **切刀:** 让模型表面产生凹陷的褶皱,如图4-109所示。

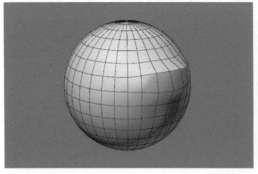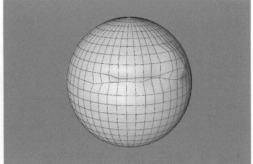

图4-108   图4-109

- **膨胀:** 沿着模型法线方向移动点,如图4-110所示。
- **抓取:** 拖曳选取的对象,如图4-111所示。
- **平滑:** 让选取的点变得平滑。
- **挤捏:** 将顶点挤捏在一起,如图4-112所示。

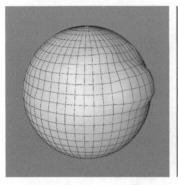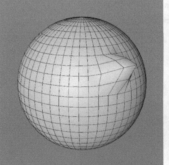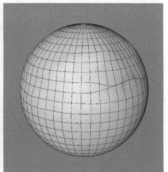

图4-110   图4-111   图4-112

- **压平:** 使顶点处于一个平面。
- **填充:** 在模型表面填充缝隙。
- **铲平:** 移除凸起的部分。

4.4 课后习题

运用本章学习的知识点,完成下面两个课后习题。

4.4.1 课后习题:抽象线条

实例文件	实例文件 >CH04> 课后习题:抽象线条
难易指数	★★★
学习目标	练习样条编辑方法

本习题的抽象线条由样条、圆环和"扫描"生成器等制作而成,效果如图4-113所示。

图4-113

4.4.2 课后习题：创意模型

实例文件	实例文件 >CH04> 课后习题：创意模型
难易指数	★★★
学习目标	练习可编辑对象建模

本习题用"球体"工具、"文本"工具和"晶格"生成器等制作创意模型，效果如图4-114所示。

图4-114

第 5 章

摄像机技术

本章将讲解Cinema 4D的摄像机技术。通过对本章的学习，读者可以掌握摄像机的创建方法、景深和运动模糊效果的制作方法，了解图像比例和安全框的设置方法。

课堂学习目标

◆ 掌握 Cinema 4D 中常用摄像机的创建方法
◆ 熟悉安全框的用法
◆ 掌握摄像机特效的创建方法

5.1 摄像机与构图

Cinema 4D 2023提供了6种摄像机工具，如图5-1所示。本节将介绍常用的摄像机工具和构图方法。

图5-1

本节知识点

名称	作用	重要程度
摄像机	对场景进行拍摄	高
安全框	显示场景渲染范围	高
胶片宽高比	设置渲染图片的长宽比	高

5.1.1 课堂案例：创建摄像机并构图

实例文件	实例文件 >CH05> 课堂案例：创建摄像机并构图
难易指数	★★
学习目标	掌握创建摄像机的方法

本案例需要在一个电商场景中添加摄像机，场景的效果如图5-2所示。

图5-2

01 打开本书学习资源中的"实例文件>CH05>课堂案例：创建摄像机并构图"文件夹中的练习文件，如图5-3所示。场景内已经建立好了灯光和材质，需要为场景创建摄像机。

02 在透视视图中进行移动以寻找创建摄像机的合适角度，如图5-4所示。

图5-3

图5-4

03 单击"摄像机"按钮 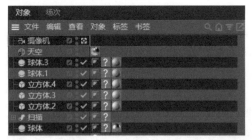，场景中将自动添加一个摄像机，如图5-5所示。

图5-5

04 为了防止摄像机被移动，选中"摄像机"对象，然后单击鼠标右键，在弹出的菜单中选择"装配标签>保护"选项，为摄像机添加"保护"标签，如图5-6所示。

图5-6

05 单击"对象"面板中的黑色按钮 ，进入摄像机视图，然后在"属性"面板的"对象"选项卡中设置"焦距"为45mm（毫米），如图5-7所示。

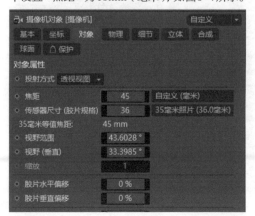

图5-7

06 按快捷键Ctrl+B打开"渲染设置"面板，在"输出"选项卡中设置"宽度"为1280像素，"高度"为720像素，如图5-8所示。

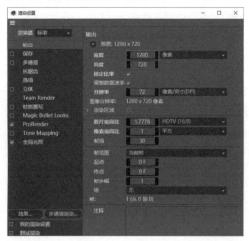

图5-8

07 调整画幅后，需要根据实际情况调整摄像机的位置，如图5-9所示。

图5-9

> **① 技巧与提示**
>
> 删掉"保护"标签才能调整摄像机的位置。

08 按快捷键Shift+R渲染场景，效果如图5-10所示。

图5-10

5.1.2 摄像机

"摄像机"工具 是使用频率较高的工具。不同于其他三维动画设计软件中创建摄像机的方法，在Cinema 4D中只需要在视图中找到合适的视角，单击"摄像机"按钮 即可完成创建。创建的摄像机会出现在"对象"面板中，如图5-11所示。

图5-11

单击"对象"面板中"摄像机"右侧的按钮 ，即可进入摄像机视图，如图5-12所示。

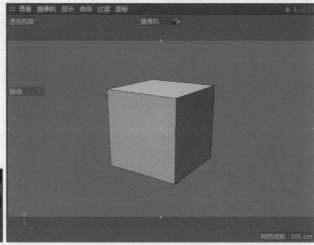

图5-12

在"摄像机"的"属性"面板中有"对象""物理""细节""立体""合成""球面"6个选项卡，如图5-13所示。

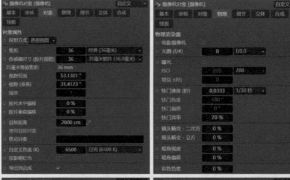

图5-13

参数详解

- **投射方式：** 设置摄像机投射的视图。
- **焦距：** 设置焦点到摄像机的距离，默认为36mm。
- **视野范围：** 设置摄像机查看区域的宽度视野，该数值与焦距相关。
- **胶片水平偏移/胶片垂直偏移：** 设置摄像机水平和垂直移动的距离。
- **目标距离：** 设置目标对象到摄像机的距离。单击输入框后的按钮 ，可指定场景中的目标对象。
- **焦点对象：** 设置摄像机焦点链接的对象。
- **自定义色温：** 设置摄像机的照片滤镜，默认为6500。
- **电影摄像机：** 勾选后会激活"快门角度"和"快门偏移"选项。

> (!) **技巧与提示**
>
> 在默认的"标准"渲染器中，不能设置"光圈""曝光"和ISO等参数，只有将渲染器切换为"物理"
> 后，才能设置这些参数。

- **快门速度（秒）：** 控制快门的速度。
- **近端剪辑/远端剪辑：** 设置摄像机画面选取的区域，只有处于这个区域中的对象才能被渲染。

5.1.3 安全框的概念与设置方法

安全框相当于视图中的安全线，安全框内的对象在进行视图渲染时不会被裁剪掉。如图5-14所示，上图内容与下图内容不完全相同，通过对比可以发现视图窗口中的左右两边的部分树叶模型被裁剪掉了。视图窗口两侧的半透明黑色部分就是安全框的部分。

图5-14

在"属性"面板中单击"模式"菜单，然后选择"视图设置"选项，如图5-15所示。此时"属性"面板如图5-16所示。

切换到"安全框"选项卡，如图5-17所示。

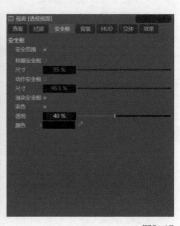

图5-15　　　　　　　　　　图5-16　　　　　　　　　　图5-17

参数详解
- **安全范围：**默认勾选此选项，在视图窗口的周围会看到半透明的黑色区域，代表开启了安全框。
- **标题安全框：**勾选此选项，在视图窗口中间会出现黑色的线框，如图5-18所示。
- **尺寸：**调节该选项的数值可以控制安全框的大小。
- **动作安全框：**勾选此选项，在视图窗口中会出现另一个黑色线框，如图5-19所示。这个线框一般在制作动画时开启。

图5-18　　　　　　　　　　　　　　　　图5-19

- **渲染安全框：**此选项默认处于勾选状态，表示线框范围与渲染的范围相同。
- **透明：**设置渲染安全框的颜色透明度，如图5-20所示。

图5-20

- **颜色：**设置安全框的颜色，默认为黑色，读者可根据场景的具体情况灵活调整其颜色。

5.1.4 胶片宽高比

为了达到理想的画面效果，在摄像机不能继续调整的情况下，就需要调整"渲染安全框"的长宽比，即"胶片宽高比"。在"渲染设置"面板中可以设置"胶片宽高比"，如图5-21所示。

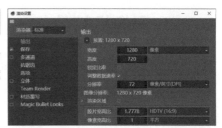

图5-21

除了可以设置任意的"胶片宽高比"，系统也提供了预置的参数，如图5-22所示，具体效果如图5-23所示。

图5-22

正方（1：1）

标准（4：3）

HDTV（16：9）

35mm静帧（3：2）

宽屏（14：9）

35mm（1.85：1）

宽屏电影（2.39：1）

图5-23

> **① 技巧与提示**
>
> 在这些比例中，最常用的是"标准（4：3）"和"HDTV（16：9）"两种。

5.2 摄像机特效

常见的摄像机特效包括景深和运动模糊两种，本节将为读者讲解如何设置这两种特效。

本节知识点

名称	作用	重要程度
景深	使焦点物体变得清晰	高
运动模糊	使运动物体变得模糊	中

5.2.1 课堂案例：场景景深效果

实例文件	实例文件 >CH05> 课堂案例：场景景深效果
难易指数	★★★
学习目标	掌握使用摄像机制作景深效果的方法

本案例使用摄像机制作景深效果，对比效果如图5-24所示。

图5-24

01 打开本书学习资源文件"实例文件>CH05>课堂案例：场景景深效果"中的练习文件，如图5-25所示。场景内已经建立好灯光和材质，需要为场景创建摄像机。

02 在透视视图中进行移动以寻找创建摄像机的合适角度，如图5-26所示。

图5-25　　　　　　　　　　　　　　　　　　　　图5-26

03 单击"摄像机"按钮 ⏻ 摄像机，为场景添加一个摄像机，如图5-27所示。

04 为了防止摄像机被移动，选中"摄像机"对象，然后单击鼠标右键，在弹出的菜单中选择"装配标签>保护"选项，为摄像机添加"保护"标签，如图5-28所示。

图5-27　　　　　　　　　　　　　　　　　　　　图5-28

05 单击"对象"面板中的黑色按钮，进入摄像机视图，然后按快捷键Shift+R渲染视图，如图5-29所示。此时图片没有景深效果。

图5-29

06 下面为场景添加景深效果。在摄像机的"属性"面板的"对象"选项卡中单击"目标距离"后的吸管按钮，然后单击场景中央的字体模型，"目标距离"选项中会自动显示摄像机与字体模型之间的距离，即73.6607 cm，如图5-30所示。

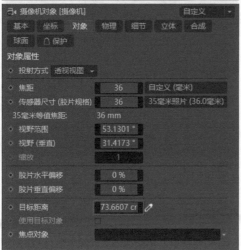

图5-30

07 单击"编辑渲染设置"按钮，在打开的"渲染设置"面板中将"渲染器"选项设置为"物理"，如图5-31所示。

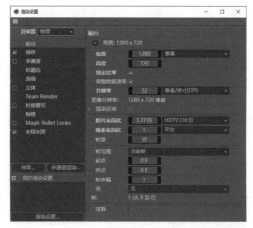

图5-31

08 勾选"景深"选项，如图5-32所示。

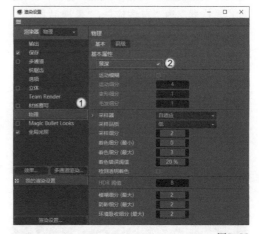

图5-32

09 按快捷键Shift+R渲染，如图5-33所示。此时渲染的图片的景深效果几乎不可见。

图5-33

⑩ 景深与摄像机的光圈设置有关,因此切换到摄像机"属性"面板的"物理"选项卡,将"光圈(f/#)"设置为4,然后按快捷键Shift+R渲染效果,如图5-34所示。此时观察到渲染的图片中有许多噪点。

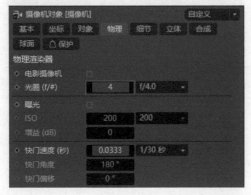

图5-34

⑪ 在"渲染设置"面板的"物理"选项卡中,设置"采样器"为"自适应","采样品质"为"中",如图5-35所示,此时渲染效果如图5-36所示,画面中几乎没有噪点。

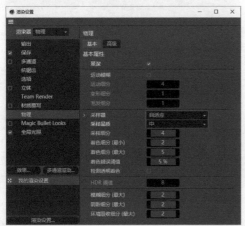

图5-35

图5-36

5.2.2 景深

景深是指在摄像机镜头或其他成像器前沿能够取得清晰图像的成像器轴线所测定的被摄物体前后距离范围。光圈、镜头及焦平面到拍摄物的距离是影响景深的重要因素。在聚焦完成后,焦点前后的范围内所呈现的清晰图像的距离范围便叫作景深。图5-37所示的是一张带有景深效果的图片。

图5-37

在Cinema 4D中设置景深效果有两个关键步骤。

第1步: 在摄像机"属性"面板的"对象"选项卡中设置"目标距离"或"焦点对象"。

第2步: 将渲染器切换为"物理",并在"物理"选项卡中勾选"景深"选项,如图5-38所示。

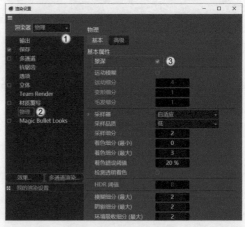

图5-38

5.2.3 运动模糊

当摄像机在拍摄运动中的物体时,运动的物体或周围的场景会变得模糊,这就是运动模糊,

如图5-39所示。设置摄像机的快门
速度可以控制场景中模糊的对象,当
快门速度与运动的速度相近时,运动
的物体清晰,周围的场景则变得模
糊;当快门速度与运动物体的速度相
差较大时,运动的物体模糊,周围的
场景则变得清晰。

图5-39

在Cinema 4D中设置运动模糊效果有两个关键步骤。

第1步: 在摄像机"属性"面板的
"对象"选项卡中设置"目标距离"或
"焦点对象"。

第2步: 将渲染器切换为"物
理",并在"物理"选项卡中勾选"运
动模糊"选项,如图5-40所示。

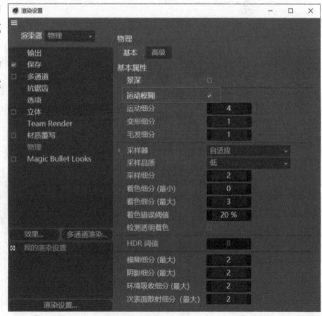

图5-40

5.3 课后习题

通过下面两个课后习题,练习本章所学的摄像机相关知识点。

5.3.1 课后习题:景深效果

实例文件	实例文件 >CH05> 课后习题:景深效果
难易指数	★★★
学习目标	掌握使用摄像机制作景深效果的方法

本习题使用摄像机制作景深效果,对比效果如图5-41所示。

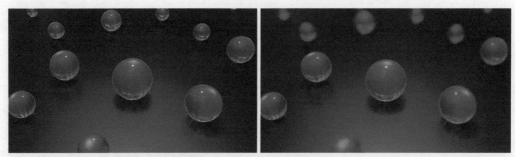

图5-41

5.3.2 课后习题：隧道的运动模糊

实例文件	实例文件 >CH05> 课后习题：隧道的运动模糊
难易指数	★★★
学习目标	掌握使用摄像机制作运动模糊效果的方法

本习题使用摄像机制作运动模糊效果，如图5-42所示。

图5-42

第 6 章

灯光技术

本章主要讲解Cinema 4D的灯光技术。了解灯光的属性和学习Cinema 4D的灯光工具的使用方法后，读者可以模拟出各种各样的灯光效果。

课堂学习目标

◆ 了解灯光的基本属性
◆ 了解三点布光法
◆ 掌握常用的灯光工具

6.1 灯光的基本属性

本节将为读者讲解灯光的基本属性。只有了解了灯光各项属性的含义，才能更好地掌握Cinema 4D灯光工具的使用方法。

6.1.1 强度

光源的强度影响着灯光照亮对象的程度。暗淡的光源即使照射在很鲜艳的物体上，也只能产生暗淡的颜色效果。图6-1所示为同样的场景在不同强度的光源照射下的效果。

图6-1

6.1.2 入射角

入射表面法线与入射光线之间的夹角称为灯光的入射角。入射角越大，所接收到的光线越少，亮度越暗。当入射角为0°（光线垂直接触表面）时，表面受到最大的光源照射。随着入射角的增大，光照强度会逐渐降低，如图6-2所示。

图6-2

6.1.3 衰减

在现实生活中，亮度会随着距光源的距离增加而逐渐降低，离光源远的对象比离光源近的对象暗，这种现象就叫作衰减。自然界中的灯光强度与被照射物体按照距离的平方反比进行衰减。通常在受大气粒子的遮挡后，衰减效果会更加明显，尤其是在阴天和雾天的情况下。图6-3所示的是灯光有无衰减的对比效果。

有衰减   无衰减

图6-3

6.1.4 反射光与环境光

　　对象反射的光能够照亮其他对象,反射的光越多,照亮环境中其他对象的光也越多。反射光能产生环境光,环境光没有明确的光源和方向,不会产生清晰的阴影。

　　图6-4所示的A(黄色光线)是平行光,也就是发光源发射的光线;B(绿色光线)是反射光,也就是对象反射的光线;C是环境光,没有明确的光源和方向。

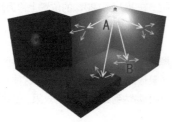

图6-4

　　在Cinema 4D中使用默认的渲染方式和灯光设置,无法计算出对象的环境光,因此需要在"渲染设置"面板中勾选"全局光照"选项才能渲染出环境光。

　　环境光的亮度影响着场景的对比度,其亮度越高,场景的对比度就越低;环境光的颜色影响着场景整体的颜色,有时环境光表现为对象的反射光线,颜色为场景中其他对象的颜色,但大多数情况下,环境光的颜色应该是场景中主光源颜色的补色。

6.1.5 灯光颜色

　　灯光的颜色部分依赖于生成该灯光的方式。例如,钨灯灯光颜色为橘黄色,水银蒸汽灯灯光颜色为冷色调的浅蓝色,太阳光颜色为浅黄色。灯光颜色也依赖于光线通过的介质。例如,大气中的云将灯光颜色"染"为蓝色,脏玻璃可以将灯光颜色"染"为鲜艳的色彩。

　　灯光的颜色也具有加色混合性,灯光的主要颜色为红色(R)、绿色(G)和蓝色(B)。当多种颜色混合在一起时,场景中总的灯光将变得更亮且颜色逐渐变为白色,如图6-5所示。

图6-5

　　在Cinema 4D中,用户可以用多种模式调节灯光颜色,如色轮、光谱、RGB、HSV、开尔文温度等。人们总倾向于将场景看作白色光源照射的结果(这是一种称为色感一致性的人体感知现象),精确地再现光源颜色可能会适得其反,渲染出奇怪的场景效果。所以在调节灯光颜色时,应当重视主观的视觉感受,而物理意义上的灯光颜色仅作为参考即可。

6.1.6 三点布光法

三点布光法又称为区域照明法,一般用于较小范围的场景照明。如果场景很大,可以把它拆分成若干个较小的区域进行布光。一般有3盏灯即可,分别为主光源、辅助光源与轮廓光源,如图6-6所示。

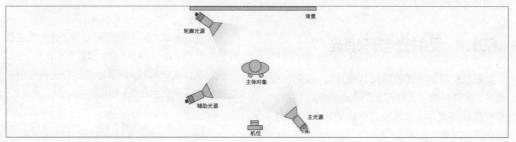

图6-6

1.主光源

主光源通常用来照亮场景中的主体对象与其周围区域,并且使主体对象产生投影。场景的主要明暗关系和投影方向都由主光源决定。主光源也可以根据需要由几盏灯共同组成。主光源与摄像机的夹角在15°到30°的位置上称为顺光,在45°到90°的位置上称为侧光,在90°到120°的位置上称为侧逆光。

2.辅助光源

辅助光源又称为补光,是一种均匀的、非直射性的柔和光源。辅助光源用来辅助照亮阴影区域及被主光源遗漏的场景区域,可调和明暗区域之间的反差,同时使场景形成景深与层次效果。这种广泛均匀布光的特性使它为场景打上了一层底色,定义了场景的基调。由于要达到柔和照明的效果,因此辅助光源的亮度通常只有主光源的50%~80%。

3.轮廓光源

轮廓光源又称为背景,是将主体与背景分离,帮助凸显空间的形状和纵深感的光源。轮廓光源尤其重要,特别是当主体呈现暗色,且背景也很暗时,轮廓光源可以清晰地将二者进行区分。轮廓光源通常是硬光,以便强调主体轮廓。

6.1.7 其他常见布光方式

除了三点布光法,仅用主光源和辅助光源也可以进行布光,如图6-7和图6-8所示。这两种布光方式都是主光源全开,辅助光源亮度为主光源的一半甚至更少,这样会让主体对象呈现出十分立体的效果。

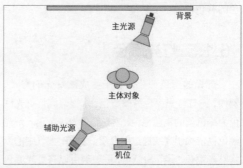

图6-7 图6-8

6.2 \ Cinema 4D的灯光工具

长按工具栏3中的"灯光"按钮 ，会弹出灯光面板，如图6-9所示。

图6-9

本节工具介绍

工具名称	工具作用	重要程度
灯光	创建点光源	高
区域光	创建面光源	中
无限光	创建带方向性的灯光	高
HDRI	通过亮度贴图创建照明	高

6.2.1 课堂案例：产品展示灯光

实例文件	实例文件 >CH06> 课堂案例：产品展示灯光
难易指数	★★★
学习目标	掌握无限光的使用方法

本案例用无限光模拟产品展示灯光，案例效果如图6-10所示。

图6-10

01 打开本书学习资源中的"实例文件>CH06>课堂案例：产品展示灯光"中的练习文件，如图6-11所示。

图6-11

02 使用"无限光"工具 ▧ 无限光 在场景中创建一盏灯光,位置如图6-12所示。

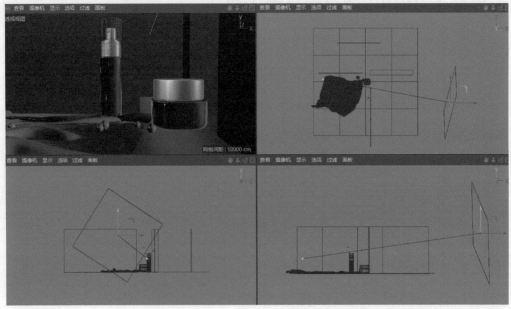

图6-12

03 选中创建的灯光,在"常规"选项卡中设置"颜色"为浅黄色,"强度"为60%,"投影"为"区域",如图6-13所示。

04 切换到"细节"选项卡,设置"衰减"为"平方倒数(物理精度)","半径衰减"为500cm,如图6-14所示。

05 在摄像机视图中按快捷键Shift+R进行渲染,效果如图6-15所示。

图6-13

图6-14   图6-15

06 场景整体偏黑,使用"天空"工具 ☁ 天空 在场景中创建一个天空模型,然后按快捷键Shift+F8打开"资产浏览器"面板,将mxn_hdr_studio_lightbox_01.exr文件赋予天空模型,如图6-16所示。

07 重新渲染场景,案例最终效果如图6-17所示。

图6-16

图6-17

6.2.2 灯光

"灯光"工具 灯光 用于创建点光源，点光源可以向场景的任何方向发射光线，其光线可以到达场景中无限远的地方，如图6-18所示。

图6-18

灯光的"属性"面板中参数较多，共有9个选项卡，如图6-19所示。

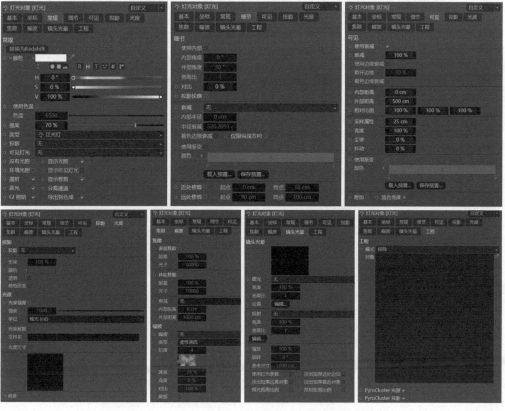

图6-19

参数详解

- **颜色：**设置灯光的颜色，默认为白色。系统提供了多种颜色设置方式，包括"色轮""光谱""从图像取色""RGB""HSV""开尔文温度""颜色混合""色块"等。
- **强度：**设置灯光的强度，默认为100%。
- **类型：**设置当前灯光的类型，还可以切换为其他类型，如图6-20所示。
- **投影：**设置是否产生投影，以及投影的类型，如图6-21所示。

图6-20　　　　　　　　　　　　图6-21

- ，**无：**不产生阴影，如图6-22所示。
- ，**阴影贴图（软阴影）：**产生边缘虚化的阴影，如图6-23所示。

图6-22　　　　　　　　　　　　图6-23

- ，**光线跟踪（强烈）：**产生边缘锐利的阴影，如图6-24所示。
- ，**区域：**既产生锐利阴影又产生软阴影，更接近真实效果，如图6-25所示。通常使用这种投影方式。

图6-24　　　　　　　　　　　　图6-25

- **没有光照：**勾选后不显示灯光效果。
- **环境光照：**勾选后产生环境光效果。
- **高光：**勾选后产生高光效果。

- **形状：** 当投影方式为"区域"时显示该选项，用于设置灯光的形状，默认为矩形，如图6-26所示。系统还提供了其他8种样式，如图6-27所示。
- **衰减：** 设置灯光的衰减方式，如图6-28所示。该参数与"可见"选项卡中的"衰减"参数作用相同。

图6-27

图6-26

图6-28

- › **无：** 灯光不产生衰减效果，如图6-29所示。
- › **平方倒数（物理精度）：** 按照现实世界中的灯光衰减效果进行模拟，如图6-30所示。这种衰减方法是日常制作中常用的衰减方法。

图6-29

图6-30

- › **线性：** 按照线性算法进行衰减，如图6-31所示。
- › **步幅：** 按照步幅算法进行衰减，如图6-32所示。

图6-31

图6-32

- **倒数立方限制：**按照倒数立方的算法进行衰减，如图6-33所示。
- **半径衰减：**当设置衰减方式后，灯光周围会出现一个可控制的圈，如图6-34所示，用于控制灯光中心到圈边缘的距离。

图6-33   图6-34

- **采样精度：**设置阴影采样的数值，数值越大，阴影噪点越少。
- **模式：**设置灯光照射的对象，可以将不需要照射的物体排除在灯光照射区域以外。

6.2.3 区域光

区域光可以理解为面光源或是体积光，通过固定的形状产生光线，有一定的方向性。默认为矩形，如图6-35所示。

区域光的参
数面板与灯光的
完全一致，这里
只着重讲解"细
节"选项卡中的
参数，如图6-36
所示。

图6-35   图6-36

参数详解

- **形状：**用于设置灯光的形状，系统提供了9种形状，如图6-37所示。

图6-37

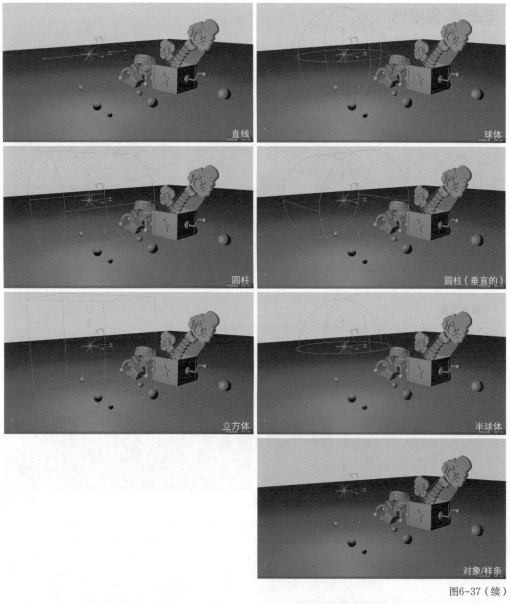

图6-37（续）

- **水平尺寸/垂直尺寸/纵深尺寸：**设置灯片的长度。
- **衰减角度：**设置衰减的角度。
- **采样：**控制灯光的细腻程度，数值越大，渲染效果越好。
- **渲染可见：**勾选该选项后，可以在渲染的图片中观察到灯光形状。
- **在视窗中显示为实体：**勾选该选项后，灯光会显示为实体状态，如图6-38所示。

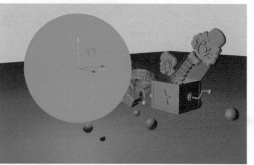

图6-38

6.2.4 无限光

无限光是一种带有方向性的灯光，如图6-39所示。无限光的"属性"面板与灯光的基本相同，这里着重讲解"细节"选项卡中的参数，如图6-40所示。

 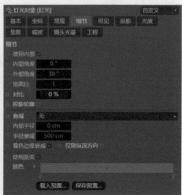

图6-39   图6-40

参数详解

- **对比：** 设置灯光的照射范围，设置不同的值的对比效果如图6-41所示。

图6-41

- **衰减：** 与前面所讲的灯光的"衰减"参数相同，只是衰减区域的样式不一样，如图6-42所示。

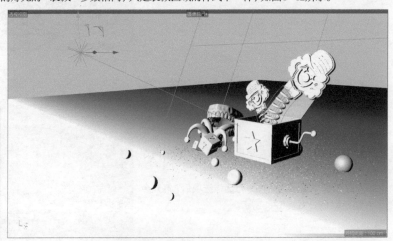

> **！技巧与提示**
>
> 无限光开启"衰减"效果后，视图中的画面容易曝光，但并不影响渲染的画面效果。

图6-42

6.2.5 HDRI

　　HDRI不是灯光工具，而是通过自带亮度属性的贴图进行照明，常常添加在"天空" 🔲 天空 对象上，作为场景整体的环境光。HDRI在绝大多数的场景中都是不可或缺的，在不添加任何灯光的情况下，就能照亮整个场景，提供柔和的照明效果。

　　按快捷键Shift+F8打开"资产浏览器"面板，选中"HDRIs"选项，就可以在其右侧查看系统提供的多种材质，如图6-43所示。材质球用于预览照明效果。

图6-43

> ⚠ **技巧与提示**
>
> 　　Legacy文件夹中还包含多种材质，这些材质是旧版本资产浏览器提供的，读者也可以使用，如图6-44所示。

图6-44

　　随意选中一个材质，将其拖曳到"材质管理器"面板中，然后从"材质管理器"面板中将材质球拖曳到"天空"对象上，如图6-45所示。按快捷键Shift+F2可以打开"材质管理器"面板。按快捷键Shift+R渲染场景，就可以观察到渲染效果，如图6-46所示。

图6-45

图6-46

> ⚠ **技巧与提示**
>
> 　　HDRI的材质不同，所产生的亮度和颜色也会有所不同，如图6-47所示。旋转"天空"对象的角度，就能调整光照的方向。

图6-47

6.3 课后习题

通过下面两个课后习题，巩固本章所学的知识点。

6.3.1 课后习题：电商场景灯光

实例文件	实例文件 >CH06> 课后习题：电商场景灯光
难易指数	★★★
学习目标	掌握"灯光"工具的用法

本习题使用"灯光"工具制作电商场景的展示灯光，如图6-48所示。

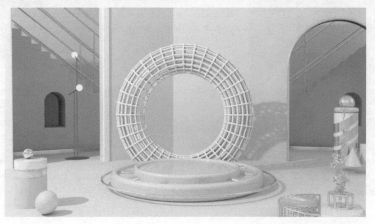

图6-48

6.3.2 课后习题：金属场景灯光

实例文件	实例文件 >CH06> 课后习题：金属场景灯光
难易指数	★★★
学习目标	掌握"区域光"工具的使用方法

本习题为一个简单的场景添加彩色灯光，突出不同的灯光效果，如图6-49所示。

图6-49

第 7 章

材质与纹理技术

本章主要讲解Cinema 4D的材质与纹理技术。通过Cinema 4D的"材质编辑器"面板可以模拟出现实生活中的绝大多数材质。

课堂学习目标

◆ 掌握材质的创建与赋予方法
◆ 掌握"材质编辑器"面板中的常用属性
◆ 掌握"材质编辑器"面板中的常见纹理贴图

7.1 材质的创建与赋予

创建材质、调整材质和赋予材质是为对象添加材质的顺序。本节就为读者讲解如何创建材质和赋予材质。

7.1.1 创建材质的方法

单击工具栏1中的"材质管理器"按钮,视图窗口右侧会弹出"材质"面板。在"材质"面板中可以创建新的材质,如图7-1所示。创建材质的方法有以下5种。

图7-1

第1种: 执行"创建>新的默认材质"菜单命令,如图7-2所示。

图7-2

第2种: 按快捷键Ctrl+N。

第3种: 双击"材质"面板的空白处,会自动创建新的默认材质,如图7-3所示。

图7-3

第4种: 单击"材质"面板中的"新的默认材质"按钮,就可以创建新材质,如图7-4所示。这种方法是S24版本新添加的,在之前的版本中没有。

图7-4

第5种: 执行"创建>材质"菜单命令,可以在弹出的子菜单中选择系统预置的其他类型的材质,如图7-5所示。

图7-5

技巧与提示

当创建了材质且没有赋予场景中的任何对象时,直接在"材质"面板中选中需要删除的材质,然后按Delete键删除即可。

当材质已经赋予场景中的对象时,在"对象"面板中单击材质的图标,然后按Delete键删除,如图7-6和图7-7所示。此时只是将材质从对象上移除了,但材质还存在于"材质"面板中,要删除材质,需在"材质"面板中选中材质后按Delete键删除。

图7-6   图7-7

7.1.2 赋予材质的方法

创建好的材质可以直接赋予需要的模型,具体方法有以下4种。

第1种: 拖曳材质到视图窗口中的模型上,然后松开鼠标,材质便赋予该模型。

第2种: 拖曳材质到"对象"面板的对象选项上,然后松开鼠标,材质便赋予该对象,如图7-8所示。

图7-8

第3种: 使需要赋予材质的模型处于选中状态,然后在材质图标上单击鼠标右键,在弹出的菜单中选择"应用"选项,如图7-9所示。

图7-9

第4种: 选中场景中的对象和需要赋予的材质,然后单击"材质"面板中的"应用"按钮,如图7-10所示。这种方法是S24版本中新添加的,之前的版本中没有此方法。

图7-10

7.2 材质编辑器

双击新建的空白材质图标，会弹出"材质编辑器"面板，如图7-11所示。"材质编辑器"是对材质属性进行调节的面板，包含"颜色""漫射""发光""透明"等12个选项卡。

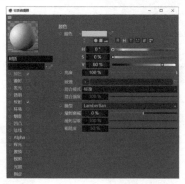

图7-11

本节知识点

名称	作用	重要程度
颜色	设置材质的固有色和纹理	高
发光	设置材质的自发光颜色和纹理	高
透明	设置材质的透明属性	高
GGX	设置材质的 GGX 反射效果	高
凹凸	设置材质的凹凸纹理	中
Alpha	设置材质的镂空纹理	中
辉光	设置材质的辉光效果	中
置换	设置材质的凹凸纹理	低

7.2.1 课堂案例：常见材质场景

实例文件	实例文件 >CH07> 课堂案例：常见材质场景
难易指数	★★★
学习目标	掌握常见材质的设置方法

本案例为一组模型添加不同类型的常见材质，案例效果如图7-12所示。

01 打开本书学习资源"实例文件>CH07>课堂案例：常见材质场景"文件夹中的练习文件，如图7-13所示。场景内已经建立好了摄像机和灯光，需要为场景中的模型赋予材质。

图7-12

图7-13

02 创建黄色墙面材质。双击"材质"面板，创建一个默认材质，设置"颜色"为浅黄色，如图7-14所示。材质效果如图7-15所示。

图7-14

图7-15

03 下面制作白色地面材质。新建一个默认材质，设置材质的"颜色"为白色，如图7-16所示。

图7-16

04 在"反射"中添加GGX，然后设置"粗糙度"为5%，"菲涅耳"为"绝缘体"，"预置"为"聚酯"，如图7-17所示。材质效果如图7-18所示。

图7-17

图7-18

05 下面制作青色玻璃材质。新建一个默认材质，取消勾选"颜色"选项，然后勾选"透明"选项，设置"折射率预设"为"玻璃"，"吸收颜色"为浅青色，如图7-19所示。

图7-19

06 在"反射"中添加GGX，然后设置"菲涅耳"为"绝缘体"，"预置"为"玻璃"，如图7-20所示。材质效果如图7-21所示。

图7-20

图7-21

07 下面制作青色塑料材质。新建一个默认材质，设置"颜色"为浅青色，如图7-22所示。

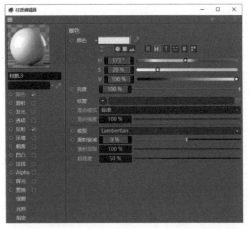

图7-22

08 在"反射"中添加GGX，设置"菲涅耳"为"绝缘体"，"预置"为"聚酯"，如图7-23所示。材质效果如图7-24所示。

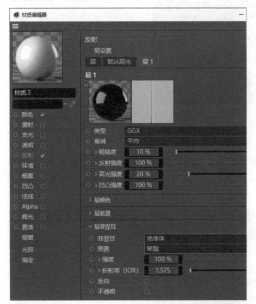

图7-23

图7-24

09 下面制作银材质。新建一个默认材质，取消勾选"颜色"选项，在"反射"中添加GGX，设置"粗糙度"为30%，"菲涅耳"为"导体"，"预置"为"银"，如图7-25所示。材质效果如图7-26所示。

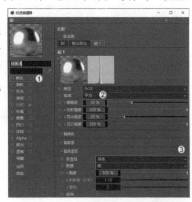

图7-25

图7-26

10 下面制作金材质。将制作好的银材质复制一份，修改"粗糙度"为5%，"预置"为"金"，如图7-27所示。材质效果如图7-28所示。

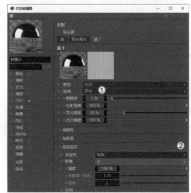

图7-27

图7-28

⑪ 将材质依次赋予对应模型,效果如图7-29所示。

⑫ 按快捷键Shift+R渲染场景,案例最终效果如图7-30所示。

图7-29   图7-30

7.2.2 颜色

在"颜色"选项卡中不仅可以调整材质的固有色,还可以为材质添加贴图纹理,如图7-31所示。

图7-31

参数详解

• **颜色:** 材质显示的固有色,可以通过"色轮""光谱""RGB""HSV"等方式进行调整。

• **亮度:** 设置材质颜色显示的程度。当该数值为0%时显示为黑色,100%时显示材质本身的颜色,超过100%时为自发光效果,如图7-32所示。

亮度:0%   亮度:100%   亮度:200%

图7-32

• **纹理:** 为材质加载内置纹理或外部贴图的通道。

• **混合模式:** 当在"纹理"通道中加载了贴图时会自动激活,用于设置贴图与颜色的混合模式,类似于Photoshop中的图层混合模式。

- **标准：** 完全显示"纹理"通道中的贴图，如图7-33所示。
- **添加：** 将颜色与"纹理"通道中的贴图进行叠加，如图7-34所示。
- **减去：** 将颜色与"纹理"通道中的贴图进行相减，如图7-35所示。
- **正片叠底：** 将颜色与"纹理"通道中的贴图进行正片叠底，如图7-36所示。

图7-33　　　　　　　图7-34　　　　　　　图7-35　　　　　　　图7-36

- **混合强度：** 设置颜色与"纹理"通道中的贴图的混合量。

7.2.3 发光

"发光"选项卡用于设置材质的自发光效果，如图7-37所示。

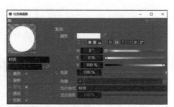

图7-37

参数详解
- **颜色：** 设置材质的自发光颜色。
- **亮度：** 设置材质的自发光亮度。
- **纹理：** 用加载的贴图显示自发光效果，如图7-38所示。

图7-38

7.2.4 透明

"透明"选项卡用于设置材质的透明和半透明效果，如图7-39所示。

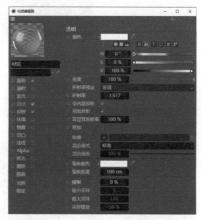

图7-39

参数详解
- **颜色：** 设置材质的折射颜色。折射的颜色越接近白色，材质越透明，如图7-40所示。

图7-40

- **亮度：** 设置材质的透明程度。
- **折射率预设：** 系统提供了一些常见材质的折射率预设，如图7-41所示，可以快速设定材质的折射效果。

图7-41

- **折射率：** 通过输入的数值设置材质的折射率。
- **菲涅耳反射率：** 材质产生菲涅耳反射的程度，默认为100%。
- **纹理：** 通过加载的贴图来控制材质的折射效果，如图7-42所示。

图7-42

- **吸收颜色：** 设置折射产生的颜色，类似于VRay的"烟雾颜色"。
- **吸收距离：** 设置折射颜色的浓度，设置不同"吸收距离"值的效果如图7-43所示。

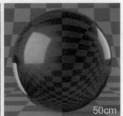

图7-43

- **模糊：** 控制折射的模糊程度，数值越大，材质越模糊，如图7-44所示。

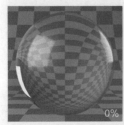

图7-44

7.2.5 GGX

GGX是一种材质反射类型，常用于制作高反射类材质，如金属、塑料和水等材质，如图7-45所示。

图7-45

GGX需要在"反射"选项卡中进行添加。在"反射"选项卡中单击"层"选项卡，然后单击"添加"按钮，在下拉菜单中选择"GGX"选项，如图7-46所示。

图7-46

> **技巧与提示**
>
> 除了可以添加GGX，也可以在"默认高光"选项卡中将"类型"切换为"GGX"，如图7-47所示。
>
>
>
> 图7-47

参数详解

- **粗糙度：** 设置材质表面的光滑程度，设置不同"粗糙度"值的材质效果如图7-48所示。

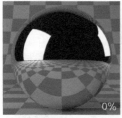

图7-48

- **反射强度：** 设置材质的反射强度，数值越小，材质越接近于固有色，如图7-49所示。

图7-49

- **高光强度：** 设置材质的高光范围，设置不同"高光强度"值的材质效果如图7-50所示。只有设置了"粗糙度"的数值，该参数才有效。

图7-50

- **层颜色：** 设置材质反射的颜色，也可以添加贴图，如图7-51所示。

图7-51

> ① **技巧与提示**
>
> 当加载贴图后，系统会按照贴图的灰度计算反射的强度。贴图的颜色越白，反射效果越强，贴图的颜色越黑，反射效果越弱。

- **亮度：** 设置反射颜色的强度。
- **纹理：** 用于加载反射贴图。
- **菲涅耳：** 设置材质的菲涅耳属性，有"无""绝缘体""导体"3种类型，效果如图7-52所示。现实生活中的材质基本上都有菲涅耳效果，因此在设置材质时都会设置"菲涅耳"的类型。

图7-52

- **预置：** 设置"菲涅耳"类型为"绝缘体"或"导体"时激活此选项。系统提供了不同类型的材质的菲涅耳预设，如图7-53所示。

图7-53

> ① **技巧与提示**
>
> 读者需要注意，"绝缘体"和"导体"仅为软件翻译名称，与现实生活中的绝缘体和导体没有关系。

- **强度：** 设置菲涅耳效果的强度。
- **折射率（IOR）：** 设置材质的菲涅耳折射率，当选择了预置效果时，可以不设置此选项。

- **采样细分：**设置材质的细分数，数值越大，材质越细腻，如图7-54所示。

图7-54

> ⚠ **技巧与提示**
>
> 　　菲涅耳反射是指物体的反射强度与视线和物体表面法线的夹角之间的关系。
>
> 　　简单来讲，菲涅耳反射是指当观察者的视线垂直于物体表面时，反射效果较弱；当观察者的视线没有垂直于物体表面时，视线和物体表面法线的夹角角度越小，反射效果越强烈。自然界中的物体几乎都存在菲涅耳反射，金属也不例外，只是金属的这种现象很弱。
>
> 　　菲涅耳反射还有一种特性，即物体表面的反射模糊也随着视线和物体表面法线的夹角角度的变化而变化，角度越大，物体表面会显得越清晰。
>
> 　　在实际制作材质时，选择任一"菲涅耳"类型都可以起到使材质更加真实的作用。

7.2.6 凹凸

　　"凹凸"选项卡用于设置材质的凹凸效果，如图 7-55所示。

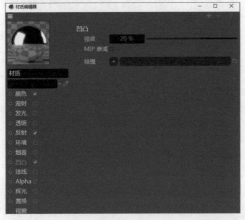

图7-55

参数详解

- **纹理：**加载材质的纹理贴图。需要注意的是，此通道只识别贴图的灰度信息。
- **强度：**设置凹凸纹理的强度，设置不同"强度"值的材质效果如图7-56所示。在"纹理"通道中加载贴图后，此选项会被激活。

图7-56

7.2.7 Alpha

　　"Alpha"选项卡用于设置材质的镂空效果，镂空与透明不同，镂空不会产生折射效果，如图7-57所示。

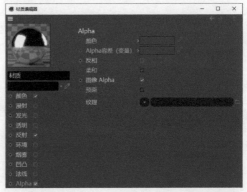

图7-57

参数详解

- **纹理：**在通道中加载Alpha贴图，通道会按照贴图的灰度信息形成镂空效果，如图7-58所示。

图7-58

> ⚠ **技巧与提示**
>
> 　　通道识别贴图的灰度信息时，按照"黑透白不透"的原则生成镂空效果。

- **反相：** 勾选该选项后，会将贴图的灰度信息反转，形成相反的镂空效果，如图7-59所示。

图7-59

- **柔和：** 默认勾选此选项，会将镂空的效果柔和过渡。如果不勾选此选项，镂空的边缘会产生很多锯齿，如图7-60所示。

图7-60

7.2.8 辉光

"辉光"选项卡用于为材质添加发光效果，如图7-61所示。

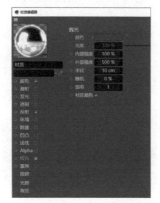

图7-61

参数详解
- **内部强度：** 设置辉光在材质表面的强度。
- **外部强度：** 设置辉光在材质外面的强度。
- **半径：** 设置辉光发射的距离。
- **随机：** 设置辉光发射距离的随机效果。
- **材质颜色：** 勾选该选项后，辉光颜色与材质颜色相似。同时激活"颜色"和"亮度"选项，可以设置辉光的颜色和亮度。

7.2.9 置换

"置换"选项与"凹凸"选项类似，用于在材质上形成凹凸纹理。不同的是"置换"会直接改变模型的形状，而"凹凸"只是形成凹凸的视觉效果，如图7-62所示。

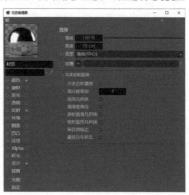

图7-62

> **技巧与提示**
>
> 除了手动调整参数以形成不同的材质效果，Cinema 4D还提供了一些预置的材质效果。按快捷键Shift + F8打开"资产浏览器"面板，在Materials文件夹中罗列了28种常见类型的材质和贴图，如图7-63所示。
>
> 进入每种类型的材质文件夹，可以看到该类型的材质效果，如图7-64所示。双击材质，会从云端下载该材质到本机中，再将材质赋予模型即可。

图7-63　　　　图7-64

从Cinema 4D S24开始，"资产浏览器"面板有了很大的改变，用户不用单独安装预置文件，只需要从云端下载即可使用预置的材质效果。在旧版本中，用户必须下载并安装预置文件到本机后，才能在"资产浏览器"面板中找到相应的预置文件。

7.3 纹理贴图与坐标

Cinema 4D中自带了一些纹理贴图，方便我们在制作时直接调取使用。单击"纹理"通道后的箭头按钮█，会弹出下拉菜单，里面预置了很多纹理贴图，如图7-65所示。

图7-65

本节知识点

名称	作用	重要程度
噪波	模拟凹凸的颗粒纹理	高
渐变	模拟颜色渐变的效果	高
菲涅耳（Fresnel）	模拟菲涅耳反射效果	高
图层	类似 Photoshop 的图层属性	中
效果	产生不同的颜色和纹理	高
表面	产生不同的纹理效果	高
材质标签	调整贴图坐标	高

7.3.1 课堂案例：木纹材质

实例文件	实例文件 >CH07> 课堂案例：木纹材质
难易指数	★★★
学习目标	掌握木纹材质的制作方法

本案例学习木纹材质的制作方法，需要用到"颜色""反射""凹凸"属性，案例效果如图7-66所示。

01 打开本书学习资源"实例文件>CH07>课堂案例：木纹材质"的练习文件，如图7-67所示。

图7-66   图7-67

02 下面制作木纹材质。在"材质"面板中新建一个默认材质，在"颜色"界面的"纹理"通道中加载学习资源中的文件"胡桃-08.JPG"，如图7-68所示。

图7-68

03 切换到"反射"界面并添加GGX，然后在"层颜色"的"纹理"通道中加载资源文件"实例文件>CH07>实战：制作木纹材质>胡桃-08.JPG"，接着设置"菲涅耳"为"绝缘体"，如图7-69所示。

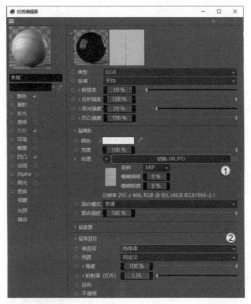

图7-69

04 勾选"凹凸"选项，在"纹理"通道中同样加载"胡桃-08.JPG"文件，并设置"强度"为5%，如图7-70所示。材质效果如图7-71所示。

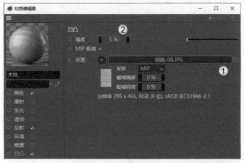

图7-70

图7-71

05 下面制作白色塑料材质。新建一个默认材质，设置"颜色"为白色，如图7-72所示。

图7-72

06 在"反射"中添加GGX，设置"粗糙度"为5%，"菲涅耳"为"绝缘体"，"预置"为"聚酯"，如图7-73所示。材质效果如图7-74所示。

图7-73

图7-74

07 下面制作磨砂塑料材质。新建一个默认材质，设置"颜色"为浅黄色，如图7-75所示。

图7-75

08 在"反射"中添加GGX，设置"粗糙度"为40%，"反射强度"为60%，"菲涅耳"为"绝缘体"，"预置"为"聚酯"，如图7-76所示。材质效果如图7-77所示。

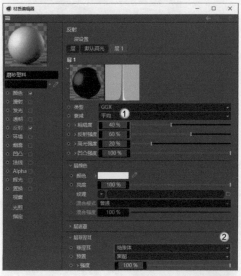

图7-76

图7-77

09 制作叶片材质。新建一个默认材质，设置"颜色"为绿色，如图7-78所示。

图7-78

> **① 技巧与提示**
>
> 读者也可以在"纹理"通道中加载一张叶片贴图。

10 在"反射"中添加GGX，设置"粗糙度"为40%，"菲涅耳"为"绝缘体"，如图7-79所示。材质效果如图7-80所示。

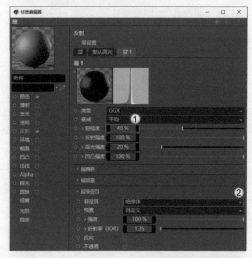

图7-79

图7-80

11 下面制作水滴材质。新建一个默认材质，勾选"透明"选项，设置"折射率预设"为"水"，如图7-81所示。

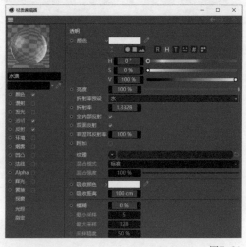

图7-81

⑫ 在"反射"中添加GGX，设置"粗糙度"为1%，"菲涅耳"为"绝缘体"，"预置"为"水"，如图7-82所示。材质效果如图7-83所示。

图7-82

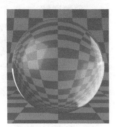

图7-83

⑬ 将材质依次赋予各个模型，效果如图7-84所示。

图7-84

⑭ 按快捷键Shift+R渲染场景，效果如图7-85所示。

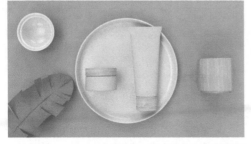

图7-85

7.3.2 噪波

"噪波"贴图常用于模拟凹凸颗粒、水波纹和杂色等效果，在不同通道中有不同的用途，常用于"凹凸"选项卡的"纹理"通道，如图7-86所示。

图7-86

> **技巧与提示**
>
> 双击加载的"噪波"预览图会切换到"着色器"选项卡，在其中可以修改噪波的相关属性。

参数详解

• **颜色1/颜色2：** 设置噪波的两种颜色，默认为黑色和白色。

• **种子：** 随机显示不同的噪波分布效果。

• **噪波：** 内置了多种噪波显示类型，如图7-87所示。

图7-87

• **全局缩放：** 设置噪点的大小。

> **技巧与提示**
>
> 如果要删除加载的贴图，单击"纹理"通道后的箭头按钮■，然后在下拉菜单中选择"清除"选项。

7.3.3 渐变

"渐变"贴图用于模拟颜色渐变的效果，如图7-88所示。

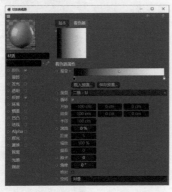

图7-88

参数详解

• **渐变：**设置渐变的颜色，单击下方的节点按钮可以设置渐变的颜色，在渐变色条上单击可以添加节点。

• **类型：**设置渐变的方向，如图7-89所示。

图7-89

• **湍流：**设置渐变颜色的随机过渡效果，如图7-90所示。

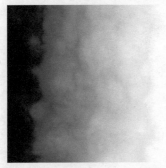

图7-90

• **角度：**设置渐变颜色的角度，如图7-91所示。

图7-91

7.3.4 菲涅耳（Fresnel）

"菲涅耳（Fresnel）"贴图用于模拟菲涅耳反射效果，如图7-92所示。

图7-92

参数详解

• **渲染：**设置菲涅耳效果的类型，如图7-93所示。

图7-93

• **渐变：**设置菲涅耳效果的颜色。

• **物理：**勾选后会激活"折射率（IOR）""预置""反相"选项。

7.3.5 图层

"图层"贴图类似于Photoshop的图层属性，进入图层属性面板可以对图层进行编组、加载图像、添加着色器及效果设置等，如图7-94所示。

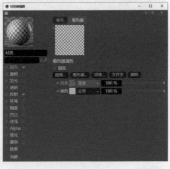

图7-94

参数详解

• **图像：**单击此按钮可以加载外部图片，形成一个单独图层。

• **着色器：**单击此按钮，可以在弹出的下拉菜单中选择系统提供的默认着色器。

- **效果：** 单击此按钮，可以在弹出的下拉菜单中选择贴图的各种效果，如图7-95所示。
- **文件夹：** 单击此按钮可以添加一个空白文件夹，方便用户对图层进行分组，如图7-96所示。

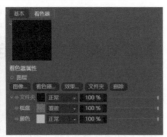

图7-95　　　　　　　　　　图7-96

- **删除：** 单击此按钮可以删除选中的图层。

> **技巧与提示**
>
> "图层"着色器可以视为一个混合图层的着色器，它可以将各种图层和效果进行混合，从而形成一个复杂的贴图。

7.3.6 效果

"效果"贴图中包含多种预置贴图，如图7-97所示。

图7-97

参数详解

- **光谱：** 提供多种颜色形成的渐变效果，如图7-98所示。
- **环境吸收：** 类似于VRay的污垢贴图，让模型的阴影处在渲染时更加明显。
- **衰减：** 用于制作带有颜色渐变的材质，如图7-99所示。

图7-98　　　　　　　　　　图7-99

7.3.7 表面

"表面"拥有许多花纹纹理，能形成丰富的贴图效果，如图7-100所示。

图7-100

参数详解

- **云：** 形成云朵效果，云朵颜色可更改，如图7-101所示。
- **公式：** 形成波浪效果，如图7-102所示。

图7-101　　　　　　　　　　图7-102

- **大理石：** 形成大理石花纹效果，如图7-103所示。
- **平铺：** 形成网格状贴图，常用于制作瓷砖和地板，如图7-104所示。

图7-103　　　　　　　　　　图7-104

- **木材：** 形成木材花纹纹理，如图7-105所示。
- **棋盘：** 形成黑白相间的方格纹理，如图7-106所示。

图7-105　　　　　　　　　　图7-106

- **砖块：** 形成砖块效果，常用于制作墙面和地面，如图7-107所示。
- **路面铺装：** 形成石块拼接效果，常用于制作地面，如图7-108所示。
- **铁锈：** 形成金属锈斑效果，如图7-109所示。

图7-107　　　　图7-108　　　　图7-109

7.3.8 材质标签

将带有贴图的材质赋予模型后，经常会出现贴图混乱的问题，这时就需要调整贴图坐标。调整贴图坐标最简单、直接的方法是在"材质标签"的"属性"面板中调整贴图的投射方式。

在"对象"面板中选中模型右侧的材质图标，在下方的"属性"面板中就会显示"材质标签"的相关信息，如图7-110所示。

图7-110

参数详解

- **投射：** 在下拉菜单中可以选择不同类型的贴图投射方式，如图7-111所示。

图7-111

- **偏移U/偏移V：** 设置贴图在模型横向或纵向上平移的距离。
- **长度U/长度V：** 用于控制贴图在模型上的缩放程度，在调整的同时，"平铺U"和"平铺V"也会发生相应的改变。

7.4　课后习题

下面通过两个课后习题，复习本章所学的知识点。

7.4.1 课后习题：金色金属材质

实例文件	实例文件 >CH07> 课后习题：金色金属材质
难易指数	★★
学习目标	掌握有色金属材质的制作方法

本习题需要用到"反射"和"GGX"选项，效果如图7-112所示。

图7-112

7.4.2 课后习题：渐变材质

实例文件	实例文件 >CH07> 课后习题：渐变材质
难易指数	★★
学习目标	掌握"渐变"贴图的使用方法

本习题需要用到"渐变"贴图，效果如图7-113所示。

图7-113

第 8 章

渲染技术

本章主要讲解Cinema 4D的渲染技术，不仅会介绍一些常用的渲染器，还会详细介绍渲染参数。通过调整渲染参数可以得到不同的渲染效果图。

课堂学习目标

◆ 了解渲染器的类型
◆ 掌握渲染器的使用方法

8.1 Cinema 4D的常用渲染器

在Cinema 4D中，除了可以使用自带的渲染器，还可以加载一些外置插件类渲染器。本节将为读者讲解Cinema 4D常用的渲染器。

8.1.1 "标准"渲染器

单击工具栏1中的"编辑渲染设置"按钮█（快捷键为Ctrl+B），打开"渲染设置"面板，在面板的左上角会显示当前使用的渲染器类型，如图8-1所示。默认的渲染器是"标准"渲染器。"标准"渲染器是Cinema 4D内置渲染器中比较常用的一种，可以渲染任何场景，但不能渲染景深和运动模糊效果。

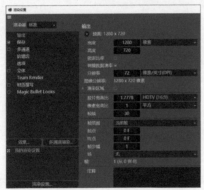

图8-1

8.1.2 "物理"渲染器

"物理"渲染器与"标准"渲染器的界面基本相同，只是多了"物理"选项卡，如图8-2所示。在该选项卡中可以设置景深或运动模糊的效果，以及抗锯齿的类型与等级。

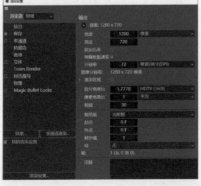

图8-2

8.1.3 Octane Render渲染器

Octane Render渲染器是Cinema 4D中常用的一款插件类GPU渲染器。Octane Render渲染器在制作自发光和SSS材质方面的表现相当出色，渲染速度相对较快，渲染出的光线比较柔和，渲染效果看起来也很舒服，如图8-3所示。

图8-3

Octane Render渲染器拥有一套独特的材质、灯光、摄像机和渲染参数，与Cinema 4D默认的材质、灯光、摄影机和地面等参数不兼容。图8-4所示为Octane Render渲染器的渲染设置面板。

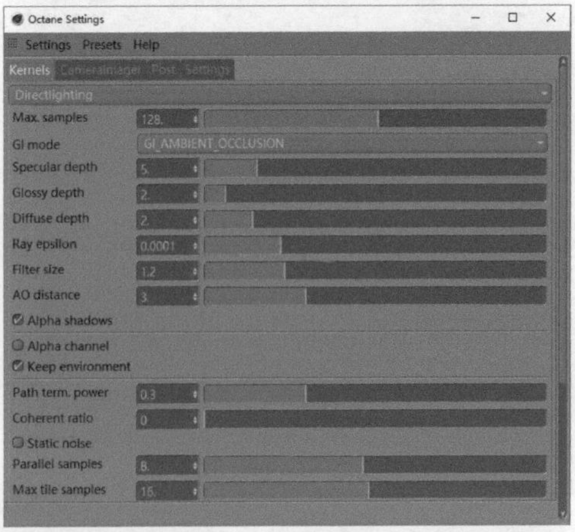

图8-4

Octane Render渲染器虽然功能强大且渲染速度快，但也有一些不足的地方。Octane Render渲染器只支持N卡（NVIDIA 公司出品的显卡），且对显卡要求比较高。RTX系列的显卡只支持Octane Render渲染器4.0系列的版本。GTX系列的显卡只支持Octane Render渲染器3.0系列的版本，但3.0系列的渲染器不具有灯光排除功能。

GTX系列显卡较为便宜，建议选用Cinema 4D R18或R19。

RTX系列显卡较贵，建议选用Cinema 4D R20以上的版本。需要特别说明的是，4.0系列的渲染器需要付费才能使用。

8.1.4 RedShift渲染器

RedShift渲染器原本是一款基于GPU的渲染器，在Cinema 4D R26中作为CPU渲染器内置于软件中。RedShift渲染器的一大特点是渲染速度快，拥有强大的节点系统，适用于艺术创作和动画制作，如图8-5所示。

图8-5

RedShift渲染器虽然内置于软件中作为默认渲染器，但要使用该渲染器还需要单独付费。

8.1.5 Arnold渲染器

Arnold渲染器的渲染效果稳定且真实，但依赖CPU的配置。当CPU是较早的版本时，在渲染玻璃等透明类材质时会非常慢。图8-6所示为Arnold渲染器的渲染效果。

图8-6

除了上面提到的这些渲染器，还有VRay和Conona这两种常用于3ds Max的渲染器，这两种渲染器也有针对Cinema 4D的版本。如果读者掌握了这两种渲染器中的一种，也可以下载相应的Cinema 4D版本使用。无论是哪种渲染器，只要能做出满意的作品即可。

8.2 "渲染设置"面板

本节将为读者讲解"渲染设置"面板中的常用选项卡。

本节知识点

名称	作用	重要程度
输出	设置渲染文件的大小和形式	高
保存	设置渲染文件保存的格式和通道	高
抗锯齿	减少渲染时产生的画面锯齿	高
材质覆写	设置统一的渲染覆盖材质	高
物理	渲染景深和运动模糊效果时使用	中
全局光照	设置全局光照的引擎	高

8.2.1 课堂案例：为场景添加全局光照

实例位置	实例文件 >CH09> 课堂案例：为场景添加全局光照
难易指数	★★
学习目标	熟悉常见的全局光照引擎组合

本案例将用一个简单的场景测试全局光照的不同效果，如图8-7所示。

图8-7

01 打开本书学习资源"实例文件>CH09>课堂案例：为场景添加全局光照"中的练习文件，如图8-8所示。

图8-8

02 单击"编辑渲染设置"按钮，打开"渲染设置"面板，如图8-9所示。此时渲染器中还没有添加"全局光照"选项卡，渲染的效果如图8-10所示。可以观察到冰激凌模型大部分呈黑色显示。

图8-9

图8-10

03 在"渲染设置"面板中单击"效果"按钮效果...，在弹出的下拉菜单中选择"全局光照"选项，如图8-11所示。"全局光照"选项卡如图8-12所示。

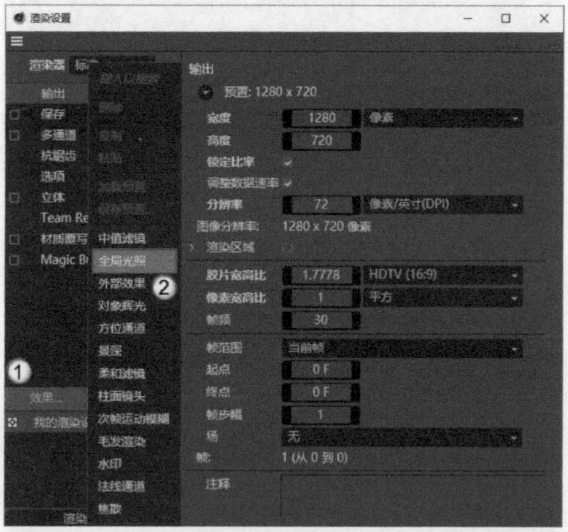

图8-11

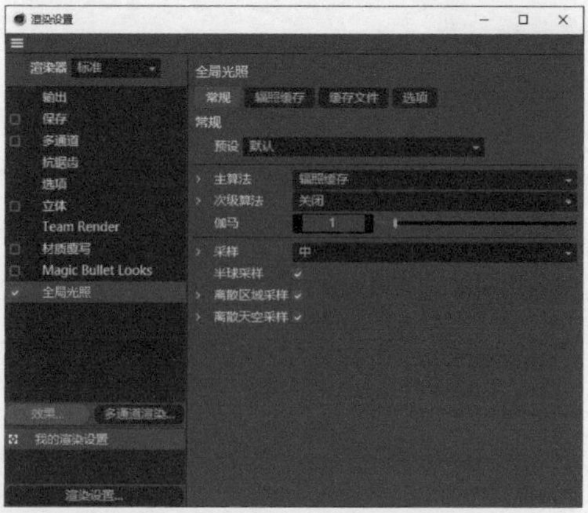

图8-12

04 保持"全局光照"选项卡中的默认设置,按快捷键Shift+R渲染场景,效果如图8-13所示。渲染总共用时4分15秒。

图8-13

05 设置"主算法"和"次级算法"都为"辐照缓存",如图8-14所示。场景的渲染效果如图8-15所示。渲染总共用时12分59秒,虽然消耗的时间比上一次长,但图片的光感和色彩度明显优于第1次渲染的效果。

图8-14

图8-15

06 设置"主算法"为"辐照缓存","次级算法"为"辐射贴图",如图8-16所示。场景的渲染效果如图8-17所示。渲染总共用时4分03秒,消耗的时间与第1次渲染的时间相近,但光感和色彩度要稍好于第1次渲染的效果。

图8-16

图8-17

07 设置"主算法"为QMC,"次级算法"为"辐照缓存",如图8-18所示。场景的渲染效果如图8-19所示。渲染总共用时10分19秒,消耗的时间比第2次渲染的时间短,但光感和色彩度与第2次渲染的效果类似。

图8-18

图8-19

08 设置"主算法"和"次级算法"都为QMC,如图8-20所示。场景的渲染效果如图8-21所示。渲染总共用时3分36秒,消耗的时间比上一次短,但光感和色彩度与第2次渲染的效果类似,且边缘和细节更清晰。

图8-20

图8-21

通过以上引擎组合的渲染对比效果可以发现,当"主算法"为QMC,"次级算法"为QMC或"辐照缓存"时渲染质量最好,速度也比较快,适合在日常工作中使用;当"主算法"为"辐照缓存","次级算法"为"辐照贴图"时,能渲染出大致的光影效果且速度很快,适合在测试场景时使用。

8.2.2 输出

在"输出"选项卡中可以设置渲染图片的尺寸、分辨率及渲染帧的范围,如图8-22所示。

图8-22

参数详解

- **宽度/高度:** 设置图片的宽度和高度,默认单位为"像素",也可以使用"厘米""英寸""毫米"等单位。
- **锁定比率:** 勾选该选项后,无论是修改"宽度"还是"高度"的数值,另一个数值都会根据"胶片宽高比"进行更改。
- **分辨率:** 设置图片的分辨率。
- **渲染区域:** 勾选该选项后,可以在下方设置渲染区域的大小,如图8-23所示。

图8-23

- **胶片宽高比:** 设置画面宽度与高度的比例。
- **帧频:** 设置动画播放的帧率。
- **帧范围:** 设置渲染动画时的帧起始范围。
- **帧步幅:** 设置渲染动画的帧间隔,默认的1表示逐帧渲染。

8.2.3 保存

在"保存"选项卡中可以设置渲染图片的保存路径和格式,如图8-24所示。

图8-24

参数详解

- **文件:** 设置文件的保存路径。
- **格式:** 设置文件的保存格式,如图8-25所示。渲染的文件不仅可以保存为图片格式,还可以保存为视频格式。

图8-25

- **深度：** 设置图片的深度。
- **名称：** 设置图片的保存名称。
- **Alpha通道：** 勾选后图片会保留透明信息。

8.2.4 抗锯齿

"抗锯齿"选项卡用于控制模型边缘的锯齿，让模型的边缘更加平滑、细腻，如图8-26所示。需要注意的是，该功能只有在"标准"渲染器中才能完全使用。

图8-26

参数详解

- **抗锯齿：** 有"无""几何体""最佳"3种模式，如图8-27所示。

图8-27

- **无：** 没有抗锯齿效果。
- **几何体：** 渲染速度较快，有一定的抗锯齿效果，可用于测试渲染。
- **最佳：** 渲染速度较慢，抗锯齿效果良好，可用于成图渲染。
- **最小级别/最大级别：** 当"抗锯齿"设置为"最佳"时激活该选项，用于设置抗锯齿的级别，如图8-28所示。设置的数值越大，抗锯齿效果越好，计算速度也越慢。
- **过滤：** 设置图像过滤器，在"物理"渲染器中也可以使用，如图8-29所示。

图8-28 图8-29

8.2.5 材质覆写

在"材质覆写"选项卡中可以为场景整体添加一个材质，但不改变场景中模型本身的材质，如图8-30所示。

图8-30

参数详解

- **自定义材质：** 设置场景整体的覆盖材质。
- **模式：** 设置材质覆写的模式，如图8-31所示。

图8-31

- **保持：** 勾选其中的选项后会保留原有材质的相应属性，不会被覆写材质完全覆盖。

8.2.6 物理

当"渲染器"的类型切换为"物理"时，会自动添加"物理"选项卡，如图8-32所示。

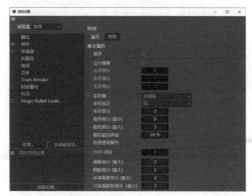

图8-32

参数详解

- **景深:** 勾选后会配合摄像机的设置渲染景深效果。
- **运动模糊:** 勾选后会渲染运动模糊效果。
- **运动细分:** 设置运动模糊的细分效果,数值越大,画面越细腻。
- **采样器:** 与"抗锯齿"选项具有相同的作用,如图8-33所示。

图8-33

- **采样品质:** 设置抗锯齿的级别。
- **采样细分:** 设置全局的抗锯齿细分值。
- **模糊细分:** 设置场景中模糊效果的细分值。
- **阴影细分:** 设置场景中阴影效果的细分值。
- **环境吸收细分:** 设置"环境吸收"效果后,控制该效果的细分值。

8.2.7 全局光照

"全局光照"是非常重要的选项卡,能计算出场景的全局光照效果,让渲染出的图片更接近真实的光影关系,如图8-34所示。

图8-34

> ① **技巧与提示**
>
> "全局光照"选项卡不是"渲染设置"面板中默认的选项卡。单击"效果"按钮 效果... ,在弹出的下拉菜单中选择"全局光照"选项就可以添加该选项卡,如图8-35所示。

图8-35

参数详解

- **预设:** 设置渲染的模式,如图8-36所示。
- **主算法:** 设置光线首次反弹的方式,如图8-37所示。
- **次级算法:** 设置光线二次反弹的方式,如图8-38所示。

图8-36   图8-37   图8-38

- **伽马:** 设置画面的整体亮度值。
- **采样:** 设置图片像素的采样精度,如图8-39所示。
- **辐照缓存:** 设置辐照缓存的精度,如图8-40所示。

图8-39   图8-40

> ① **技巧与提示**
>
> 场景中的光源可以分为两大类,一类是直接照明光源,另一类是间接照明光源。直接照明光源的效果是由光源所发出的光线直接照射到物体上所形成的照明效果,间接照明光源的效果是发散的光线由物体表面反射后照射到其他物体表面所形成的光照效果,如图8-41所示。全局光照效果是由直接光照和间接光照一起形成的照明效果,更符合现实中的真实光照效果。
>
>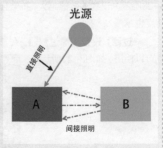
>
> 图8-41

在Cinema 4D的全局光照渲染中，渲染器需要进行灯光的分配计算，分别是首次反弹算法和二次反弹算法。经过两次计算后，再渲染出图像的反光、高光和阴影等其他效果。

全局光照的首次反弹算法和二次反弹算法中有多种计算模式，下面将讲解各种模式的优缺点，方便读者进行选择。

辐照缓存: 优点是计算速度较快，加速产生光照的漫反射，且能存储重复使用。缺点是在间接照明时可能会模糊一些细节，尤其是在计算动态模糊效果时，这种情况更为明显。

QMC: 优点是保留间接照明里的所有细节，在渲染动画时画面不会出现闪烁现象。缺点是计算速度较慢。

光线映射: 优点是加速产生光照的直接照明，且可以被存储。缺点是不能计算由天光产生的间接照明。

辐照贴图: 参数简单，与光线映射类似，计算速度快，且可以计算天光产生的间接照明。缺点是渲染效果较差，不能很好表现凹凸纹理。

下面列举一些可以搭配使用的渲染引擎组合。

第1种: QMC + QMC。

第2种: QMC + "辐照缓存"。

第3种: "辐照缓存" + "辐照缓存"。

第4种: "辐照缓存" + "辐照贴图"。

8.3 不同模式的渲染方法

Cinema 4D渲染单帧图、序列帧和视频的方法有所区别，本节就详细讲解这3种类型的输出文件的渲染方法。

8.3.1 课堂案例: 光泽纹理场景效果图

实例位置	实例文件 >CH09> 课堂案例: 光泽纹理场景效果图
难易指数	★★★
学习目标	掌握渲染单帧图的方法

本例用一个制作好的场景进行渲染，学习渲染单帧图的方法，案例效果如图8-42所示。

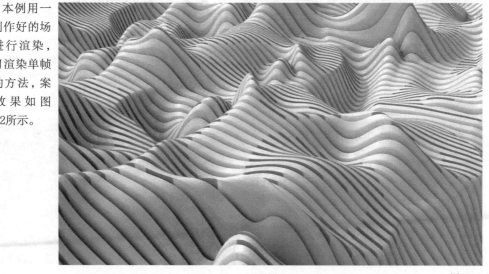

图8-42

01 打开本书学习资源"实例文件>CH09>课堂案例：光泽纹理场景效果图"中的练习文件，如图8-43所示。

图8-43

02 按快捷键Ctrl+B打开"渲染设置"面板，在"输出"选项卡中设置"宽度"为1280像素，"高度"为720像素，如图8-44所示。

图8-44

03 切换到"保存"选项卡，设置渲染图片的保存路径，然后设置"格式"为JPG，如图8-45所示。

图8-45

04 切换到"抗锯齿"选项卡，设置"抗锯齿"为"最佳"，"最小级别"为2×2，"最大级别"为4×4，"过滤"为Mitchell，如图8-46所示。

图8-46

05 添加"全局光照"选项卡，设置"主算法"和"次级算法"都为"辐照缓存"，如图8-47所示。

图8-47

06 按快捷键Shift+R渲染场景，效果如图8-48所示。

图8-48

8.3.2 单帧图渲染

默认情况下，"渲染设置"面板中的参数为渲染单帧图的参数。在"输出"选项卡中需要设置渲染图片的"宽度""高度""分辨率"，如图8-49所示。

图8-49

在"保存"选项卡中需要设置渲染图片的保存路径、格式，如果是带透明通道的图片，则需要勾选"Alpha通道"选项，如图8-50所示。

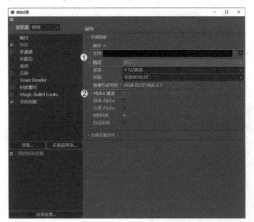

图8-50

在"抗锯齿"选项卡中设置"抗锯齿"为"最佳"，"最小级别"为2×2，"最大级别"为4×4，"过滤"可以设置为Mitchell，也可以保持默认设置，如图8-51所示。

图8-51

在"全局光照"选项卡中设置"主算法"和"次级算法"都为"辐照缓存"，如图8-52所示。如果渲染效果不理想，还可以切换"主算法"为QMC，如图8-53所示。

图8-52

图8-53

8.3.3 序列帧渲染

序列帧渲染是指在渲染动画时，将每一帧都渲染为一张图片，最终生成一系列连续的图片。在设置渲染序列帧的参数时，只需要设置"输出"选项卡中的"帧范围"为"全部帧"即可，如图8-54所示。需要注意的是，如果动画最后一帧的序列号小于"终点"的值，就将"终点"的数值设置为动画的最后一帧的序列号。

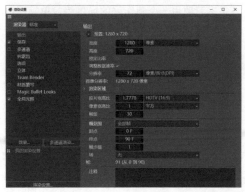

图8-54

8.3.4 视频渲染

渲染的序列帧虽然能生成动画,但还需要导入后期软件中进行合成才能生成视频格式的动画。在Cinema 4D中可以直接渲染视频格式的文件,这样就省去了导入后期软件的过程,极大地提高了制作效率。

视频渲染的方法与序列帧渲染的方法基本相同,唯一不同的地方是在设置文件的保存格式时需要选择视频格式,如图8-55所示。常用的视频格式是MP4和WMV两种,这两种格式的视频体积较小,且画面较为清晰,也方便导入其他视频软件中进行编辑。

图8-55

8.4 课后习题

通过下面两个课后习题,复习本章所学的知识点。

8.4.1 课后习题:机械场景效果图

实例位置	实例文件 >CH08> 课后习题:机械场景效果图
难易指数	★★
学习目标	练习渲染单帧图的方法

本习题用一个制作好的场景练习单帧图渲染,如图8-56所示。

图8-56

8.4.2 课后习题:律动曲线效果图

实例位置	实例文件 >CH08> 课后习题:律动曲线效果图
难易指数	★★
学习目标	掌握渲染单帧图的方法

本习题用一个简单的场景,练习单帧图的渲染,如图8-57所示。

图8-57

第 9 章

毛发和粒子技术

　　Cinema 4D的毛发模型可以模拟布料、刷子、头发和草坪等。通过合理设置引导线和毛发材质的各项参数，用户可以制作出逼真的模型效果。粒子技术能够模拟粒子的运动，从而方便用户制作复杂的动画。

课堂学习目标

◆ 掌握添加毛发的方法
◆ 掌握毛发材质的调整方法
◆ 掌握粒子发射器的使用方法
◆ 掌握常用的力场

9.1 毛发对象

在"模拟"菜单中有毛发的相关命令，如图9-1所示，这些命令不仅可以创建毛发，还可以对毛发的属性进行修改。

图9-1

本节知识点

名称	作用	重要程度
添加毛发	用于添加毛发	高
编辑毛发	设置毛发的显示效果	高

9.1.1 添加毛发

选中需要添加毛发的对象，然后执行"模拟>毛发对象>添加毛发"菜单命令，即可为其添加毛发，添加的毛发会以引导线的形式呈现，如图9-2所示。

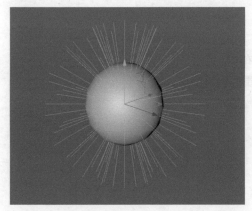

图9-2

> ⓘ **技巧与提示**
>
> 在创建毛发模型同时，会在"材质"面板中创建相应的毛发材质。

9.1.2 编辑毛发

在"属性"面板中可以调节毛发的相关属性，下面重点讲解常用的选项卡。

1.引导线

"引导线"选项卡用来设置毛发引导线的相关参数，如图9-3所示。通过引导线，能直观地观察毛发的生长形状。

图9-3

参数详解

- **链接：** 设置生长毛发的对象。
- **数量：** 设置引导线的显示数量。
- **分段：** 设置引导线的分段数。
- **长度：** 设置引导线的长度，也就是毛发的长度。
- **发根：** 设置发根的位置，如图9-4所示。

图9-4

- **生长：** 设置毛发生长的方向，默认为对象的法线方向。

2.毛发

"毛发"选项卡用来设置毛发的生长数量和分段数等信息，如图9-5所示。

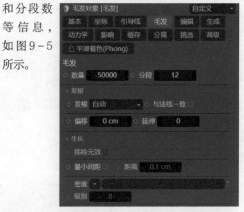

图9-5

参数详解

• **数量：** 设置毛发的渲染数量，设置不同"数量"值的模型效果如图9-6所示。

图9-6

> ⓘ **技巧与提示**
>
> 只有通过渲染，才能观察到毛发的实际效果。

• **分段：** 设置毛发的分段数。
• **发根：** 设置毛发的分布形式。
• **偏移：** 设置发根与对象表面间的距离，如图9-7所示。

图9-7

• **最小间距：** 设置毛发间距，也可以加载贴图来进行控制。图9-8所示的是"距离"为100cm的效果。

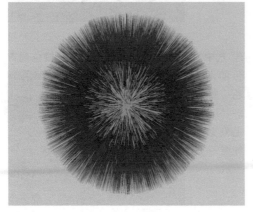

图9-8

3.视窗

"视窗"选项卡用来设置毛发的显示效果，如图9-9所示。

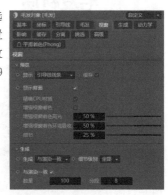

图9-9

参数详解

• **显示：** 设置毛发在视图中显示的效果，如图9-10所示。

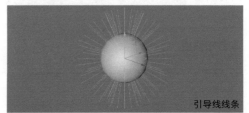

引导线线条

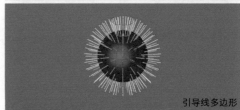

引导线多边形

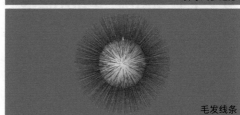

毛发线条

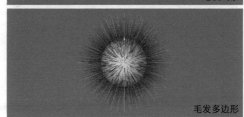

毛发多边形

图9-10

• **生成：** 设置毛发显示的样式，默认为"与渲染一致"选项。

9.2 毛发材质

创建毛发模型时，会在"材质"面板中自动
创建相应
的毛发材
质。双击
毛发材质
会打开"材
质编辑器"
面板，如
图9-11所
示。比起
普通材
质的属性，毛
发材质的
属性更多。

图9-11

本节知识点

名称	作用	重要程度
颜色	设置毛发颜色	高
高光	设置毛发的高光颜色	中
粗细	设置发根与发梢的粗细	高
长度	设置毛发的长度	高
集束	使毛发形成集束的效果	中
弯曲	将毛发进行弯曲	中
卷曲	将毛发进行卷曲	中

9.2.1 课堂案例：毛绒小怪兽

实例位置	实例文件 >CH09> 课堂案例：毛绒小怪兽
难易指数	★★★★
学习目标	掌握毛发工具的使用方法

本案例使用毛发工具制作毛绒小怪兽，案例
效果如图9-12所示。

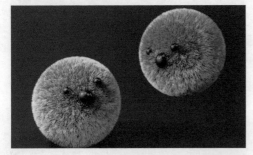

图9-12

01 使用"球体"工具在场景中创建一个"半径"
为150cm，
"分段"为
48的球体
模型，效果
及参数设
置如图9-13
所示。

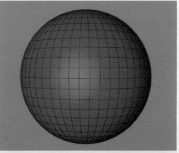

图9-13

02 使用"添加毛发"工具为球体添加毛发，
设置"长度"为 20cm，效果及参数设置如图9-14
所示。

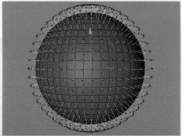

图9-14

03 选中毛发材质，设置"颜色"为从橙色到黄
色的渐变
色，如图
9-15所示。
毛发效果
如图9-16
所示。

图9-15

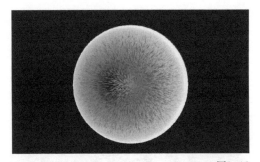

图9-16

04 在"高光"选项卡中设置"强度"为50%，如图9-17所示。毛发效果如图9-18所示。

图9-17

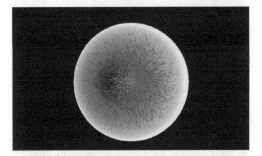

图9-18

05 在"粗细"选项卡中设置"发根"为2.5cm，"发梢"为0.2cm，"变化"为0.5cm，如图9-19所示。毛发效果如图9-20所示。

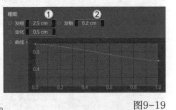

图9-19

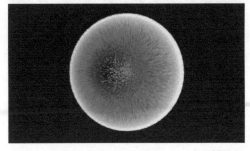

图9-20

06 在"长度"选项卡中设置"变化"为80%，如图9-21所示。毛发效果如图9-22所示。

图9-21

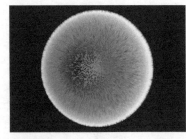

图9-22

07 在"集束"选项卡中设置"数量"为40%，"集束"为5%，"变化"为10%，"半径"为100cm，"变化"为15cm，"扭曲"为10°，"变化"为5%，如图9-23所示。毛发效果如图9-24所示。

图9-23

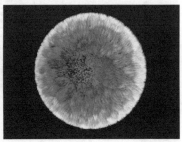

图9-24

08 在"弯曲"选项卡中设置"弯曲"为20%，"变化"为20%，如图9-25所示。毛发效果如图9-26所示。

图9-25

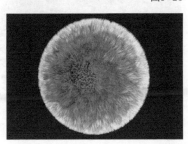

图9-26

09 使用"球体"工具 ●球体 创建一个"半径"为15cm,"分段"为16的球体模型,作为怪兽的眼睛,效果及参数设置如图9-27所示。

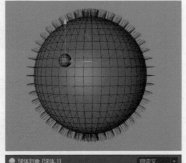

图9-27

10 将小球复制一份,作为另一只眼睛,如图9-28所示。

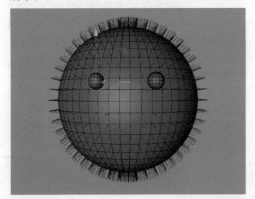

图9-28

11 将小球复制一份,修改"半径"为30cm,效果如图9-29所示。

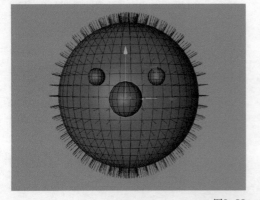

图9-29

12 在"材质"面板中新建一个默认材质,设置"颜色"为黑色,如图9-30所示。

图9-30

13 在"反射"中添加GGX,设置"粗糙度"为10%,"菲涅耳"为"绝缘体","预置"为"聚酯",如图9-31所示。

图9-31

14 将材质依次赋予3个球体模型,如图9-32所示。

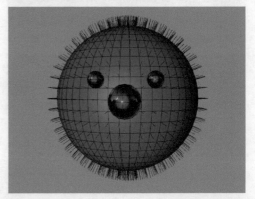

图9-32

⑮ 新建一个默认材质,设置"颜色"为橙色,如图9-33所示。

图9-33

⑯ 将材质赋予最大的球体,效果如图9-34所示。

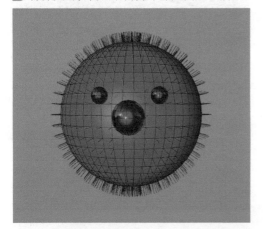

图9-34

⑰ 使用"背景"工具 在场景中创建一个背景,然后赋予它深蓝色的默认材质,如图9-35所示。

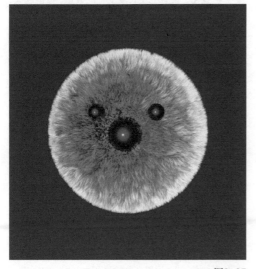

图9-35

⑱ 在场景中添加灯光,再复制一份模型,将其摆放在适当位置,案例效果如图9-36所示。

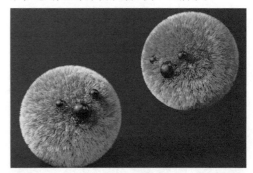

图9-36

9.2.2 颜色

"颜色"选项卡用来设置毛发的颜色及纹理效果,如图9-37所示。

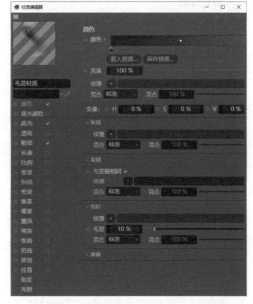

图9-37

参数详解

• **颜色:** 设置毛发的颜色,通常用渐变色条进行设置。

• **亮度:** 设置材质颜色显示的程度。当设置为0%时显示为黑色,100%时显示材质本身的颜色,超过100%时显示自发光效果。

• **纹理:** 为材质加载内置纹理或外部贴图的通道。

9.2.3 高光

"高光"选项卡用来设置毛发的高光颜色，默认为白色，如图9-38所示。

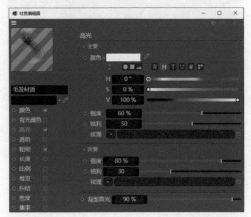

图9-38

参数详解

• **颜色：** 设置毛发的高光颜色，白色表示反光效果最强。

• **强度：** 设置毛发的高光强度。

• **锐利：** 设置高光与毛发的过渡效果，数值越大，边缘越锐利，如图9-39所示。

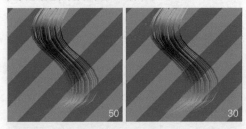

图9-39

9.2.4 粗细

"粗细"选项卡用来设置发根与发梢的粗细，如图9-40所示。

图9-40

参数详解

• **发根：** 设置发根的粗细数值。

• **发梢：** 设置发梢的粗细数值。

• **变化：** 设置发根到发梢粗细的变化数值。

9.2.5 长度

"长度"选项卡用来设置毛发的长度与变化，如图9-41所示。

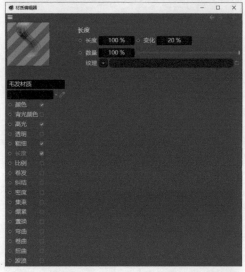

图9-41

参数详解

• **长度：** 设置毛发长度。

• **变化：** 设置毛发长度变化的数量，数值越大，毛发的长度差距越大，如图9-42所示。

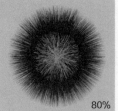

图9-42

• **数量：** 设置毛发长度进行变化的数量。

9.2.6 集束

设置"集束"选项卡中的各项参数可以设置毛发形成集束的效果，参数面板如图9-43所示。

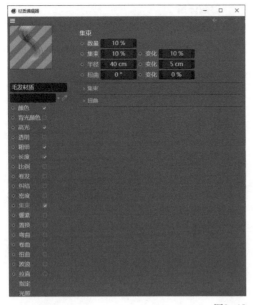

图9-43

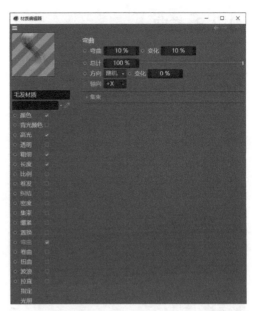

图9-46

参数详解

- **数量：** 设置毛发需要集束的数量。

- **集束：** 设置毛发集束的程度，数值越大，集束效果越明显，如图9-44所示。

50%　　80%

图9-44

- **半径：** 设置集束的半径，设置不同集束半径的毛发模型效果如图9-45所示。

20cm　　50cm

图9-45

9.2.7 弯曲

设置"弯曲"选项卡中的各项参数可以设置毛发弯曲的效果，参数面板如图9-46所示。

参数详解

- **弯曲：** 设置毛发弯曲的程度，设置不同毛发弯曲程度的模型效果如图9-47所示。

50%

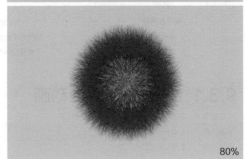

80%

图9-47

- **变化：** 设置毛发在弯曲时的差异性。
- **总计：** 设置需要弯曲的毛发数量。
- **方向：** 设置毛发弯曲的方向，有"随机""局部""全局""对象"4个选项。
- **轴向：** 设置毛发弯曲的轴向。

9.2.8 卷曲

在"卷曲"选项卡中可以设置毛发的卷曲效果，参数面板如图9-48所示。

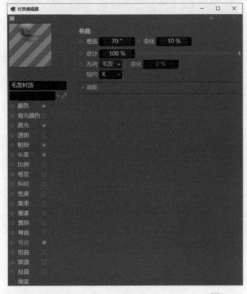

图9-48

参数详解

• **卷曲:** 设置毛发卷曲的程度,设置不同卷曲程度的毛发模型效果如图9-49所示。

40°   70°

图9-49

• **变化:** 设置毛发在卷曲时的差异性。

• **总计:** 设置需要卷曲的毛发数量。

• **方向:** 设置毛发卷曲的方向,有"随机""局部""全局""对象"4个选项。

• **轴向:** 当"方向"设置为"局部"时激活该参数。

> ⓘ **技巧与提示**
>
> "弯曲"与"卷曲"选项卡中的参数基本一致,但所呈现的效果完全不同,读者请加以区分。

9.3 粒子发射器

粒子由发射器生成,改变粒子的属性可以模拟粒子的不同生成效果。

本节知识点

名称	作用	重要程度
粒子发射器	创建粒子发射器	高
粒子属性	编辑粒子的数量、速度和显示效果等	高
烘焙粒子	将模拟的粒子烘焙为关键帧动画	高

9.3.1 课堂案例: 气泡动画

实例文件	实例文件 >CH09> 课堂案例: 气泡动画
难易指数	★★★★
学习目标	掌握粒子发射器的用法

本案例使用发射器和球体模型模拟气泡动画,案例效果如图9-50所示。

图9-50

01 在场景中创建一个发射器，在"发射器"选项卡中设置"垂直尺寸"为300cm，效果及参数设置如图9-51所示。

图9-51

02 使用"球体"工具 在场景中创建一个"半径"为3cm的球体模型，效果如图9-52所示。

图9-52

03 将"球体"作为"发射器"的子级，然后在"发射器"的"属性"面板中勾选"显示对象"和"渲染实例"选项，效果如图9-53所示。此时球体模型代替了原有的粒子。

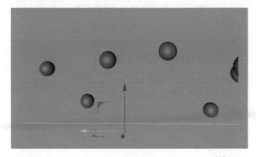

图9-53

04 在"属性"面板中继续设置"可见"为50%，"投射起点"为-30F，"投射终点"为90F，"速度"为50cm，"变化"为20%，"终点缩放"为0.2，"变化"为20%，效果及参数设置如图9-54所示。

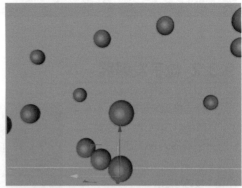

图9-54

05 使用"平面"工具 在场景后方创建一个平面模型作为背景，如图9-55所示。

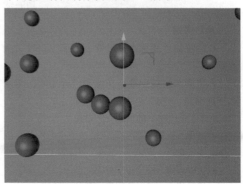

图9-55

06 为场景添加摄像机、灯光和材质，渲染效果如图9-56所示。

图9-56

9.3.2 粒子发射器

执行"模拟>发射器"菜单命令，会在场景中创建一个发射器，如图9-57和图9-58所示。

图9-57

图9-58

> **技巧与提示**
>
> 拖动时间线上的时间滑块可以预览粒子的效果。

9.3.3 粒子属性

选中视图窗口中的发射器后，"属性"面板中会显示相应的参数，如图9-59所示。

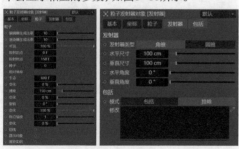

图9-59

参数详解

• **编辑器生成比率：** 设置发射器发射粒子的数量。

• **渲染器生成比率：** 在渲染过程中实际生成粒子的数量。一般情况下"渲染器生成比率"和"编辑器生成比率"的值是一样的。

• **可见：** 设置视图中可见粒子数占总粒子数的百分比。

• **投射起点：** 设置粒子发射的起始帧数。

• **投射终点：** 设置粒子发射的结束帧数。

• **生命：** 设置粒子寿命，并对粒子寿命进行随机变化。

• **速度：** 设置粒子的运动速度，并对粒子的运动速度进行随机变化。

• **旋转：** 设置粒子的旋转方向，并对粒子的旋转方向进行随机变化，如图9-60所示。

图9-60

• **终点缩放：** 设置粒子在运动结束前的缩放比例，并对粒子的缩放比例进行随机变化，如图9-61所示。

图9-61

- **切线：** 勾选"切线"选项后，发射出的粒子方向将与z轴水平对齐，如图9-62所示。

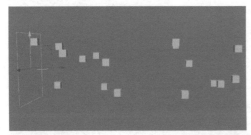

图9-62

- **显示对象：** 显示场景中替换粒子的对象。
- **渲染实例：** 勾选后，发射器变为可编辑对象，发射的粒子全部变成渲染实例对象。
- **发射器类型：** 有"圆锥"和"角锥"两种发射器类型。
- **水平尺寸/垂直尺寸：** 设置发射器的大小。
- **水平角度/垂直角度：** 设置发射器的角度。

9.3.4 烘焙粒子

当模拟完粒子效果后，若要将模拟的效果转换为关键帧动画，就可以使用"烘焙粒子"功能。

执行"模拟>烘焙粒子"菜单命令，打开"烘焙粒子"对话框，如图9-63和图9-64所示。

图9-63　　　　图9-64

参数详解

- **起点/终点：** 设置烘焙粒子的帧范围。
- **每帧采样：** 设置粒子采样的质量。
- **烘焙全部：** 设置烘焙帧的频率。

9.4 力场

执行"模拟>力场"菜单命令，弹出的子菜单如图9-65所示。

图9-65

本节知识点

名称	作用	重要程度
吸引场	模拟粒子间的吸引与排斥效果	中
偏转场	模拟粒子间的反弹效果	高
破坏场	模拟粒子消失效果	中
摩擦力	模拟粒子间的摩擦效果	中
重力场	模拟粒子在重力作用下的运动效果	高
旋转	模拟粒子旋转效果	高
湍流	模拟粒子的随机抖动效果	高
风力	模拟粒子在风力作用下的运动效果	高

9.4.1 课堂案例：抽象线条

实例文件	实例文件 >CH09> 课堂案例：抽象线条
难易指数	★★★★
学习目标	学习粒子发射器和"旋转"力场的用法

本案例使用粒子发射器和"旋转"力场模拟抽象线条，案例效果如图9-66所示。

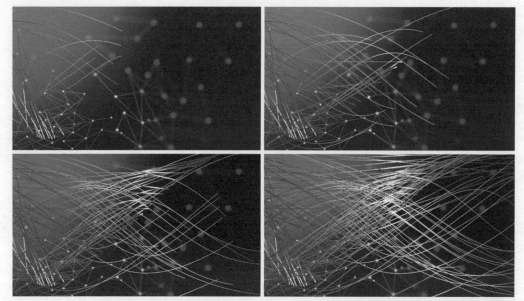

图9-66

01 使用"发射器"工具  在场景左侧创建一个发射器,设置"垂直尺寸"为230cm,效果及参数设置如图9-67所示。

图9-67

02 在"粒子"选项卡中设置"编辑器生成比率"和"渲染器生成比率"都为30,"速度"为200cm,"变化"为20%,如图9-68所示。

03 为粒子发射器添加"追踪对象"工具 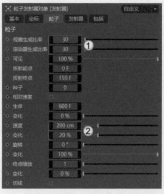,移动时间滑块可以观察到粒子呈线条状,如图9-69所示。

图9-68

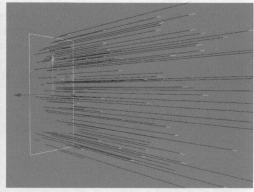

图9-69

04 为粒子添加"旋转"力场 旋转 ，设置"角速度"为30，效果及参数设置如图9-70所示。

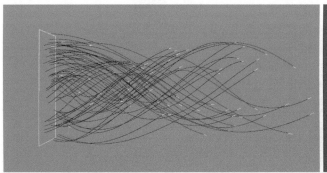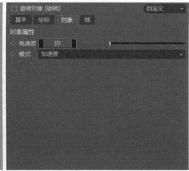

图9-70

05 使用"灯光"工具 灯光 在场景中创建一盏灯光，摆放位置如图9-71所示。

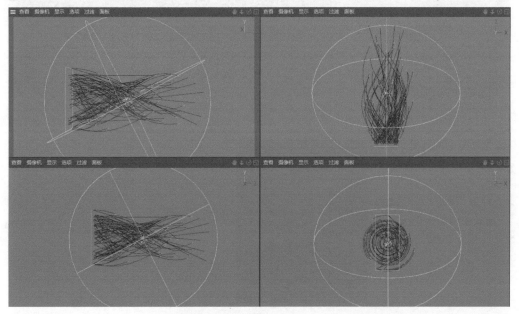

图9-71

06 选中创建的灯光，设置"颜色"为绿色，"投影"为"无"，如图9-72所示。

07 切换到"细节"选项卡，设置"衰减"为"平方倒数（物理精度）"，"半径衰减"为315.1699cm，如图9-73所示。

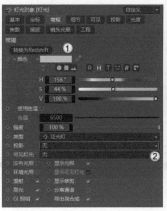

图9-72　　　　　　　图9-73

08 将创建的灯光复制一份，摆放位置如图9-74所示。

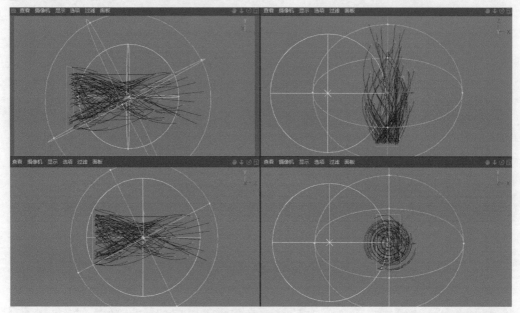

图9-74

09 选中复制的灯光，设置"颜色"为白色，如图9-75所示。

10 使用"天空"工具 在场景中创建一个天空模型，如图9-76所示。

图9-75

图9-76

11 新建一个默认材质，在"颜色"选项卡的"纹理"通道中加载本书学习资源文件夹中的"500554556.jpg"文件，如图9-77所示。

12 新建一个毛发材质，设置"颜色"为蓝色的渐变色，如图9-78所示。

图9-77

图9-78

⓭ 在"粗细"选项卡中设置"发根"为1cm,"发梢"为0.3cm,如图9-79所示。材质效果如图9-80所示。

⓮ 将材质赋予模型,效果如图9-81所示。

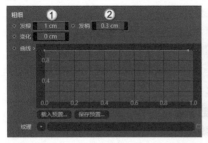

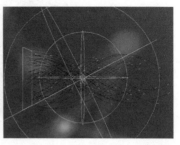

图9-79   图9-80   图9-81

⓯ 观察背景,发现贴图的坐标不对。选中纹理标签,设置"投射"为"前沿",如图9-82所示。修改后的效果如图9-83所示。

⓰ 在场景中找到一个合适的角度,然后单击"摄像机"按钮 添加一个摄像机,如图9-84所示。

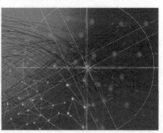

图9-82   图9-83   图9-84

⓱ 按快捷键Shift+R渲染场景,效果如图9-85所示。

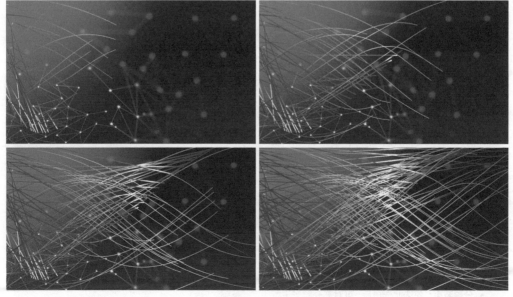

图9-85

9.4.2 吸引场

"吸引场"在早期的版本中被命名为"引力",可以模拟粒子间的吸引与排斥效果,其参数面板如图9-86所示。

图9-86

参数详解

• **强度:** 设置粒子间相互吸引和排斥的效果。当数值是正值时为吸引效果,当数值是负值时为排斥效果。

• **速度限制:** 限制粒子引力之间距离。数值越小,粒子间距越小;数值越大,粒子间距越大。

• **模式:** 有"加速度"和"力"两种模式,一般默认为"加速度"。

• **域:** 通过添加不同形状的域来设置引力的衰减效果,如图9-87所示。

图9-87

9.4.3 偏转场

"偏转场"在早期的版本中被命名为"反弹",可以使粒子产生反弹的效果,其参数面板如图9-88所示。

图9-88

参数详解

• **弹性:** 设置弹力大小,数值越大弹力效果越好。

• **分裂波束:** 勾选此选项后,可对部分粒子进行反弹。

• **水平尺寸/垂直尺寸:** 设置弹力形状的尺寸。

9.4.4 破坏场

"破坏场"可使粒子在接触破坏力场时产生消失效果,其参数面板如图9-89所示。

图9-89

参数详解

• **随机特性:** 设置粒子在接触破坏力场时消失的比例。比例越小,粒子消失的数量越多;比例越大,粒子消失的数量越少。

• **尺寸:** 设置破坏力场的尺寸大小,如图9-90所示。

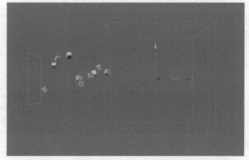

图9-90

9.4.5 摩擦力

"摩擦力"可以对运动中的粒子产生阻力效果,其参数面板如图9-91所示。

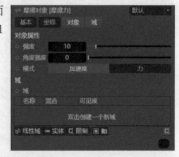

图9-91

参数详解

• **强度:** 设置阻力大小,数值越大阻力效果越强。

• **角度强度:** 设置粒子在运动过程中的角度变化效果,数值越大角度变化越小。

9.4.6 重力场

"重力场"可使粒子在运动过程中有下落的效果，其参数面板如图9-92所示。

图9-92

参数详解

• **加速度**：设置粒子在重力作用下的运动速度。加速度数值越大，重力效果越明显；加速度数值越小，重力效果越不明显。

• **模式**：有"加速度""力""空气动力学风"3种模式，一般默认为"加速度"。

9.4.7 旋转

"旋转"是使粒子在运动过程中产生旋转效果的力场，其参数面板如图9-93所示。

图9-93

参数详解

• **角速度**：设置粒子在运动过程中的旋转速度，数值越大，粒子旋转的速度越快。

• **模式**：有"加速度""力""空气动力学风"3种模式，一般默认为"加速度"。

9.4.8 湍流

"湍流"可使粒子在运动过程中产生随机的抖动效果，其参数面板如图9-94所示。

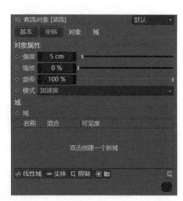

图9-94

参数详解

• **强度**：设置湍流对粒子的作用强度。数值越大，湍流对粒子产生的效果越明显。

• **缩放**：设置粒子在湍流作用下产生的聚集和散开的效果。数值越大，聚集和散开效果越明显。

• **频率**：设置粒子的抖动幅度和次数。频率越高，粒子抖动幅度和效果越明显。

9.4.9 风力

"风力"用于设置粒子在风力作用下的运动效果，其参数面板如图9-95所示。

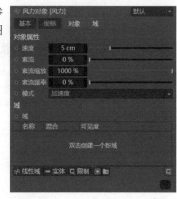

图9-95

参数详解

• **速度**：设置风力的速度。数值越大，风力效果越明显。

• **紊流**：设置粒子在风力作用下的抖动效果。数值越大，粒子抖动效果越明显。

• **紊流缩放**：设置粒子在风力作用下抖动时聚集和散开的效果。

• **紊流频率**：设置粒子的抖动幅度和次数。频率越高，粒子抖动幅度和效果越明显。

9.5 课后习题

下面通过两个课后习题，复习本章所学的知识点。

9.5.1 课后习题：草地

实例位置	实例文件 >CH09> 课后习题：草地
难易指数	★★★
学习目标	掌握毛发工具的使用方法

本习题需要为一个灯泡场景添加草地，并制作材质和灯光效果，如图9-96所示。

图9-96

9.5.2 课后习题：弹跳的小球

实例文件	实例文件 >CH09> 课后习题：弹跳的小球
难易指数	★★★
学习目标	练习粒子发射器、重力场和偏转场的用法

本习题用粒子发射器等模拟弹跳的小球，效果如图9-97所示。

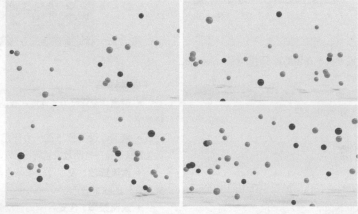

图9-97

第 10 章

动力学技术

　　使用动力学技术可以模拟出物体与物体之间真实的物理作用效果，是制作动画时必不可少的一部分。动力学可以用于定义物理属性和外力，当对象遵循物理定律进行相互作用时，可以让场景自动生成最终的动画关键帧。

课堂学习目标

◆ 掌握子弹标签的使用方法
◆ 掌握模拟标签的使用方法

10.1 子弹标签

"子弹标签"菜单如图10-1所示。在旧版本中，这些标签集合在"模拟标签"里。

图10-1

本节知识点

名称	作用	重要程度
刚体	模拟表面坚硬的动力学对象	高
柔体	模拟表面柔软的动力学对象	高
碰撞体	模拟与动力学对象碰撞的对象	中

10.1.1 课堂案例：多米诺骨牌

实例文件	实例文件 >CH10> 课堂案例：多米诺骨牌
难易指数	★★★★
学习目标	掌握"刚体"标签的使用方法

本案例使用"刚体"标签和"碰撞体"标签模拟多米诺骨牌倒塌的效果，如图10-2所示。

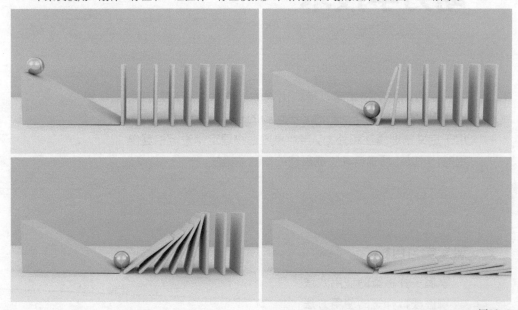

图10-2

01 使用"立方体"工具 在场景中创建一个立方体模型，效果及具体参数如图10-3所示。

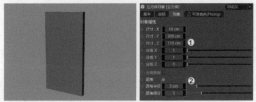

图10-3

02 为创建的立方体模型添加"克隆"生成器 🔩 克隆，设置"模式"为"线性"，"数量"为8，"位置.X"为56cm，效果及具体参数如图10-4所示。

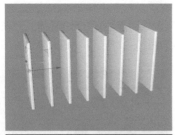

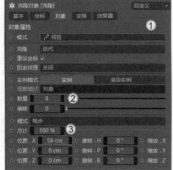

图10-4

03 使用"多边"工具 ◉ 多边 在场景中绘制一个3边的样条，然后将其转换为可编辑对象，并调整样条的造型，如图10-5所示。

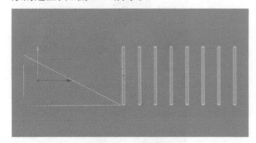

图10-5

04 为样条添加"挤压"生成器 ◉ 挤压，设置"偏移"为110cm，效果及具体参数如图10-6所示。

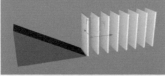

图10-6

05 使用"球体"工具 ◉ 球体 在场景中创建一个球体模型，效果及具体参数如图10-7所示。

图10-7

06 使用"地板"工具 ▦ 地板 创建一个地板模型，如图10-8所示。

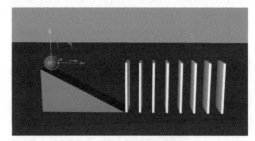

图10-8

07 为"球体"和"克隆"对象添加"刚体"标签 ◉ 刚体，然后为"挤压"和"地板"对象添加"碰撞体"标签 ▦ 碰撞体，如图10-9所示。

图10-9

08 单击"向前播放"按钮 ▶，可以观察到小球从斜坡滚下并撞击立方体，形成多米诺骨牌倒塌的效果，如图10-10所示。

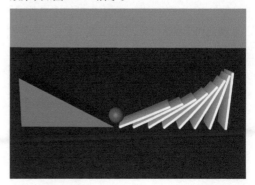

图10-10

09 在"缓存"选项卡中单击"全部烘焙"按钮 全部烘焙，将模拟的动力学效果转换为关键帧动画，如图10-11所示。

10 使用"天空"工具 天空 在场景中创建一个天空模型，然后添加"合成"标签 合成，取消勾选"摄像机可见"选项，如图10-12所示。

图10-11　　　　　　　图10-12

11 打开"资产浏览器"面板，随意选择一个HDRI文件，将其赋予天空对象作为环境光。笔者这里选择了图10-13所示的HDRI文件，读者也可以选择其他喜欢的HDRI文件。

图10-13

12 新建两个默认材质，分别设置"颜色"为黄色和蓝色，材质效果如图10-14所示。

图10-14

13 新建一个默认材质，取消勾选"颜色"选项，在"反射"中添加GGX，设置"粗糙度"为10%，"菲涅耳"为"导体"，"预置"为"钢"，如图10-15所示。材质效果如图10-16所示。

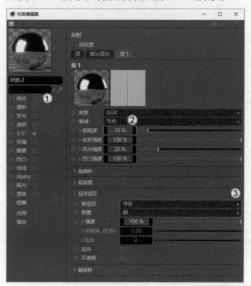

图10-15

图10-16

14 将材质依次赋予场景中的模型，效果如图10-17所示。

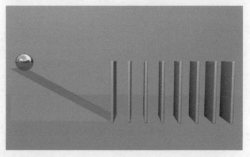

图10-17

15 任意截取4帧动画渲染效果，如图10-18所示。

图10-18

10.1.2 刚体

具有"刚体"标签的对象在模拟动力学效果时，不会因碰撞而产生形变。选中需要成为刚体的对象，然后在"对象"面板上单击鼠标右键，在弹出的菜单中选择"子弹标签>刚体"选项，即可为该对象赋予"刚体"标签，如图10-19所示。

图10-19

选中"刚体"标签的图标，在下方的"属性"面板中可以设置其属性，如图10-20所示。

图10-20

参数详解

• **动力学：** 设置是否开启动力学效果，默认为"开启"。

• **设置初始状态** 设置初始形态 ：单击该按钮，设置刚体对象的初始状态。

• **清除初状态** 清除初状态 ：单击该按钮可以清除设置的初始状态。

• **激发：** 设置刚体对象的计算方式，有"立即""在峰速""开启碰撞""由XPresso"4种模式，默认的"立即"选项会无视初速度进行模拟。

• **自定义初速度：** 勾选该选项后，可以设置刚体对象的"初始线速度"和"初始角速度"，如图10-21所示。

图10-21

• **本体碰撞：** 默认勾选该选项，表示模型本身也会产生碰撞。

• **外形：** 设置刚体对象模拟的外轮廓，具体选项如图10-22所示。

图10-22

• **反弹：** 设置刚体对象碰撞后的反弹力度，数值越大，反弹越强烈。

• **摩擦力：** 设置刚体对象与碰撞体对象的摩擦力，数值越大，摩擦力越大。

• **使用：** 设置刚体对象的质量，从而改变碰撞效果，具体选项如图10-23所示。

图10-23

· **全局密度：** 根据场景中对象的尺寸自行设定密度。

· **自定义密度：** 自行设定刚体对象的密度。

· **自定义质量：** 自行设定刚体对象的质量。

• **自定义中心：** 勾选该选项后，自定义对象的中心位置。

• **跟随位移：** 添加力后刚体对象将跟随力的位移。

• **烘焙对象** 烘焙对象 ：将选中对象的刚体碰撞效果转换为关键帧动画。

• **全部烘焙** 全部烘焙 ：将场景中所有对象的刚体碰撞效果转换为关键帧动画。

10.1.3 柔体

具有"柔体"标签 的对象在模拟动力学效果时，会因碰撞而产生形变。选中需要成为柔体的对象，然后在"对象"面板上单击鼠标右键，接着在弹出的菜单中选择"模拟标签>柔体"选项，即可为该对象赋予"柔体"标签，如图10-24所示。

图10-24

选中"柔体"标签的图标，在下方的"属性"面板中可以设置其属性。"柔体"标签的"属性"面板与"刚体"标签的"属性"面板相同，这里只单独讲解"柔体"选项卡中的参数，如图10-25所示。

图10-25

参数详解

• **柔体：** 默认为"由多边形/线构成"选项，用于模拟柔体效果。若选择"无"选项则为刚体效果。

• **构造：** 设置柔体对象碰撞时的形变效果，数值为0时，柔体对象产生完全形变。

• **阻尼：** 设置柔体对象与碰撞体对象之间的摩擦力。

• **弹性极限：** 设置柔体对象弹力的极限值。

• **硬度：** 设置柔体对象外表的硬度，具有不同"硬度"值的柔体对象如图10-26所示。

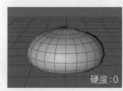

硬度:0   硬度:10

图10-26

• **压力：** 设置柔体对象内部的强度，具有不同"压力"值的柔体对象如图10-27所示。

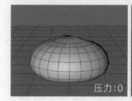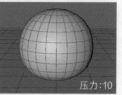

压力:0   压力:10

图10-27

10.1.4 碰撞体

具有"碰撞体"标签  的对象在模拟动力学效果时，作为与刚体对象或柔体对象产生碰撞的对象。选中需要成为碰撞体的对象，然后在"对象"面板上单击鼠标右键，接着在弹出的菜单中选择"子弹标签>碰撞体"选项，即可为该对象赋予"碰撞体"标签，如图10-28所示。

图10-28

选中"碰撞体"标签的图标，在下方的"属性"面板中可以设置其属性，如图10-29所示。

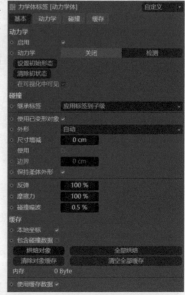

图10-29

参数详解

- **反弹：** 设置刚体或柔体对象的反弹强度，数值越大，反弹效果越明显。
- **摩擦力：** 设置刚体或柔体对象与碰撞体对象之间的摩擦力。
- **全部烘焙** [全部烘焙]：将模拟的动力学动画转换为关键帧动画。
- **清除对象缓存** [清除对象缓存]：将选中对象烘焙的关键帧动画删除，以便重新进行模拟。
- **清空全部缓存** [清空全部缓存]：将场景中所有对象烘焙的关键帧动画全部删除。

> ⚠ **技巧与提示**
>
> 只有将模拟的动力学动画烘焙后才能进行动画播放，否则无法观察动画效果。

10.2 模拟标签

"模拟标签"中的各种标签可以用于模拟不同类型的布料效果，如图10-30所示。

图10-30

本节知识点

名称	作用	重要程度
布料	模拟布料对象	高
绳子	模拟绳子对象	中
布料绑带	模拟与布料连接的对象	中
碰撞体	模拟与布料碰撞的对象	高

10.2.1 课堂案例：透明塑料布

实例文件	实例文件 >CH10> 课堂案例：透明塑料布
难易指数	★★★★
学习目标	掌握"布料"标签的使用方法

本案例使用"平面"工具、"布料曲面"生成器和"布料"标签等制作一块透明塑料布，案例效果如图10-31所示。

01 打开本书学习资源"实例文件>CH10>课堂案例：透明塑料布"文件夹中的练习文件，如图10-32所示。场景中有一组造型简单的模型，这些模型都已经转换为可编辑对象。

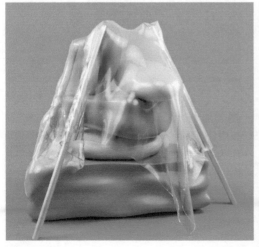

图10-31 图10-32

02 使用"平面"工具 ▣平面 在场景中创建一个平
面模型，设置
"宽度"为
500cm，"高
度"为400cm，
"高度分段"和
"宽度分段"
都为40，效果
及具体参数如
图10-33所示。

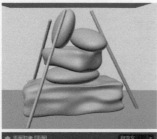

图10-33

> **① 技巧与提示**
>
> 平面的分段数越多，模拟的布料效果越真实，
> 但模拟布料时的速度也越慢。

03 将创建的平面模型转换为可编辑对象，在"对
象"面板中为
其赋予"布料"
标签 ▣布料，如
图10-34所示。

图10-34

04 在"对象"
面板中选中地
面模型，并为其
赋予"碰撞体"
标签 ▣碰撞体，如
图10-35所示。

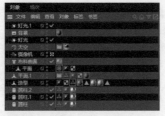

图10-35

05 单击"向前播放"按钮▶模拟布料效果，如图
10-36所示。

图10-36

06 在"属性"面板的"标签"选项卡中设置"弯
曲"为7%，"反
弹"为8%，如
图10-37所示。
这样可以减少
布料的弹性。

图10-37

07 切换到"高级"选项卡，勾选"本体碰撞"选
项，如图10-38
所示。这样可
以避免布料之
间发生穿插。

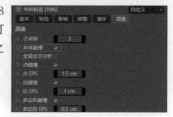

图10-38

08 单击"向前播放"按钮▶模拟布料效果，如
图10-39所示。

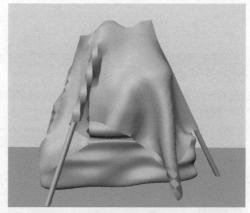

图10-39

09 添加"布料曲面"生成器 ▣布料曲面，在"对象"面
板中将"平面"
作为"布料曲
面"的子级，如
图10-40所示。

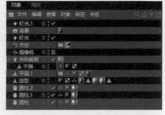

图10-40

⑩ 选中"布料曲面",设置"厚度"为2cm,效果及具体参数如图10-41所示。

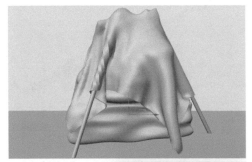

图10-41

⑪ 在"材质"面板中已经预留了设置好的材质,读者只需将其赋予模型即可,效果如图10-42所示。

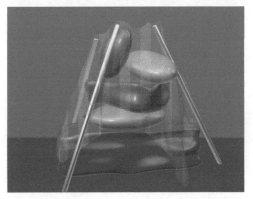

图10-42

⑫ 选择一帧进行渲染,案例最终效果如图10-43所示。

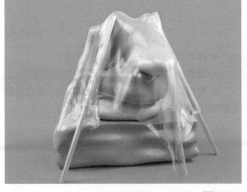

图10-43

10.2.2 布料

具有"布料"标签 的对象在模拟动力学效果时,会模拟布料碰撞效果。选中需要成为布料的对象,然后在"对象"面板上单击鼠标右键,在弹出的菜单中选择"模拟标签>布料"选项,即可为该对象赋予"布料"标签,如图10-44所示。

图10-44

"布料"标签的"属性"面板中包含"标签""修整""缓存""力场"4个选项卡,如图10-45所示。

图10-45

参数详解

• **弯曲度:** 设置布料的弯曲程度,设置不同"弯曲度"值的布料效果如图10-46所示。

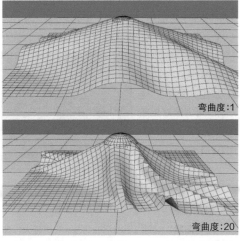

图10-46

- **弹力：**设置布料间的碰撞效果。
- **弹性：**设置布料与碰撞体的反弹强度。
- **摩擦：**设置布料间碰撞时的摩擦力。
- **厚度：**设置布料的厚度。
- **质量：**设置布料的质量。
- **四角对线：**在下拉菜单中选择不同的选项，会生成不同的模拟效果，如图10-47所示。

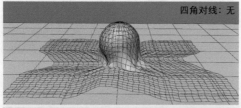
四角对线：无

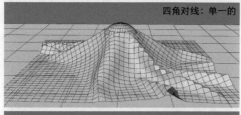
四角对线：单一的

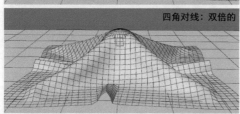
四角对线：双倍的

图10-47

10.2.3 绳子

"绳子"标签 绳子 是Cinema 4D R26中新添加的标签，是模拟绳子的动力学工具。选中需要成为绳子的对象，然后在"对象"面板上单击鼠标右键，在弹出的菜单中选择"模拟标签>绳子"选项，即可为该对象赋予"绳子"标签，如图10-48所示。

图10-48

参数详解

- **弯曲度：**控制绳子的弯曲程度，数值越大弯曲效果越明显，如图10-49所示。

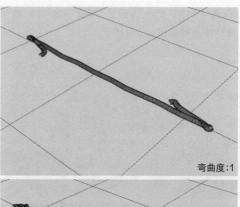
弯曲度：1

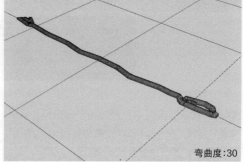
弯曲度：30

图10-49

- **卷曲：**勾选该选项后，绳子会出现卷曲的效果，如图10-50所示。

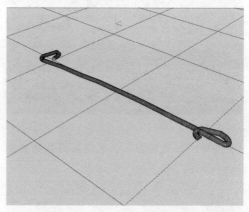
图10-50

- **弹力：**设置绳子自身的碰撞强度。
- **弹性：**设置绳子与碰撞体之间的反弹强度。
- **半径：**当小于设定的数值时，在此半径内的对象将会产生碰撞。
- **质量：**设置绳子的质量。
- **撕裂：**勾选此选项后，样条线间的点的距离如果大于"撕裂晚于"的数值则会产生撕裂效果。
- **显示锚点：**默认勾选此选项，表示可以在视图窗口中观察到设定为锚点的样条上的点。

• **设置：** 选中样条的点后单击此按钮，就会将该点进行固定，没有固定的部分将继续产生动力学效果。读者可以将其理解为悬挂效果，如图10-51所示。

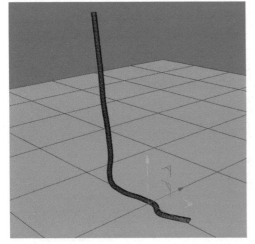

图10-51

• **释放：** 单击该按钮，会将固定的点解除，不产生悬挂效果。

> ⓘ **技巧与提示**
>
> 读者需要注意，"绳子"标签必须添加到样条上，并且在"点"模式中才能进行模拟。如果切换到"模型"模式，很有可能会模拟不成功。

10.2.4 布料绑带

给赋予了"布料"标签 布料 的对象添加"布料绑带"标签 布料绑带 ，就可以使该对象和与其相连接的对象形成连接关系，其"属性"面板如图10-52所示。

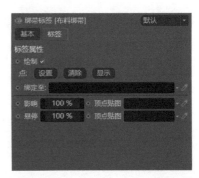

图10-52

参数详解

• **设置：** 单击此按钮，会将布料与连接对象相关联。

• **绑定至：** 连接需要绑定的对象。

10.2.5 碰撞体

"碰撞体"标签 碰撞体 是模拟布料碰撞的对象，其"属性"面板如图10-53所示。

图10-53

参数详解

• **使用碰撞：** 勾选该选项后，布料与碰撞体会产生碰撞效果。

• **反弹：** 设置布料与碰撞体之间的反弹强度。

• **摩擦：** 设置布料与碰撞体之间的摩擦力。

10.3 课后习题

下面通过两个课后习题，复习本章所学的知识点。

10.3.1 课后习题：小球坠落动画

实例文件	实例文件 >CH10> 课后习题：小球坠落动画
难易指数	★★★
学习目标	掌握"刚体"标签的使用方法

本习题使用"刚体"标签和"碰撞体"标签等模拟小球坠落的效果，如图10-54所示。

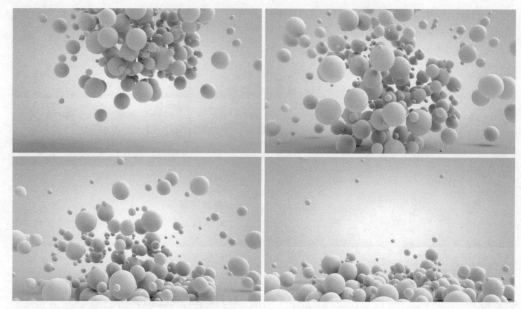

图10-54

10.3.2 课后习题：篮球弹跳动画

实例文件	实例文件 >CH10> 实战：用动力学制作篮球弹跳动画 .c4d
难易指数	★★★
学习目标	练习"柔体"标签的使用方法

本习题使用"柔体"标签和"碰撞体"标签等模拟篮球的弹跳效果，效果如图10-55所示。

图10-55

第 11 章

动画技术

　　本章将讲解Cinema 4D的动画技术。通过在对象的位置、旋转角度、尺寸等各种不同的参数或点级别的变化上添加关键帧，可以制作出不同类型的动画。

课堂学习目标

◆ 掌握动画制作工具的使用方法
◆ 掌握常见类型的动画的制作方法

11.1 动画制作工具

本节将讲解Cinema 4D的动画制作工具，帮助读者制作出简单的动画效果。

本节知识点

名称	作用	重要程度
"时间线"面板	提供建立和播放动画的工具	高
时间线窗口	调整关键帧动画	高

11.1.1 "时间线"面板

Cinema 4D的动画制作工具位于"时间线"面板中，如图11-1所示。

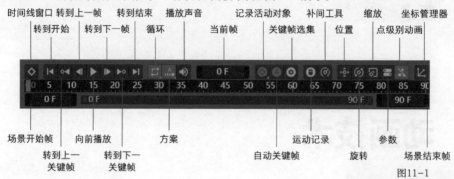

图11-1

工具详解

• **时间线窗口**：单击该按钮会打开"时间线窗口（摄影表）"面板，如图11-2所示。在其中还可以切换到"时间线窗口（函数曲线）"面板和"运动剪辑"面板。

图11-2

• **场景开始帧**：表示场景的第一帧，默认为0。
• **转到开始**：跳转到开始帧的位置。
• **转到上一关键帧**：跳转到上一个关键帧的位置。
• **转到上一帧**：跳转到上一帧。
• **向前播放**：正向播放动画。
• **转到下一帧**：跳转到下一帧。
• **转到下一关键帧**：跳转到下一个关键帧的位置。
• **转到结束**：跳转到结束帧的位置。
• **循环**：循环播放动画。
• **方案**：设置回放比率，长按该按钮会弹出图11-3所示的菜单。

图11-3

• **播放声音**：播放动画时播放声音。
• **当前帧**：表示当前时间滑块所在的帧。
• **记录活动对象**：单击该按钮后，会记录选择对象的位置、旋转、缩放和点级别关键帧。
• **自动关键帧**：单击该按钮后，将自动记录选择对象的关键帧。此时视图窗口的边缘会出现红色线框，表示正在记录关键帧，如图11-4所示。

图11-4

• **关键帧选集**：设置关键帧选集对象。

- **运动记录**：单击该按钮，会弹出图11-5所示的面板。在该面板中可以设置动画的相关属性。

图11-5

- **补间工具**：辅助调整关键帧。
- **位置**：控制是否记录对象的位置信息（默认开启）。
- **旋转**：控制是否记录对象的旋转信息（默认开启）。
- **缩放**：控制是否记录对象的缩放信息（默认开启）。
- **参数**：控制是否记录对象的参数层级动画（默认开启）。
- **点级别动画**：控制是否记录对象的点层级动画（默认关闭）。
- **场景结束帧**：表示场景的最后一帧。
- **坐标管理器**：单击该按钮，会弹出"坐标"面板，如图11-6所示。在该面板中可以精确控制对象的位置、旋转角度和缩放尺寸。

图11-6

11.1.2 时间线窗口

"时间线窗口"是制作动画时经常用到的一个编辑器。使用"时间线窗口"可以快速地调节曲线从而控制物体的运动状态。执行"窗口>时间线（函数曲线）"菜单命令（快捷键Shift+Alt+F3），可以打开图11-7所示的面板。

图11-7

ⓘ **技巧与提示**

在"时间线窗口"中也可以切换到"函数曲线"面板。

工具详解

- **摄影表**：单击该按钮，会切换到"摄影表"面板。
- **函数曲线模式**：单击该按钮，会切换到"函数曲线"面板。
- **运动剪辑**：单击该按钮，会切换到"运动剪辑"面板。
- **线性**：将所选关键帧设置为尖锐的角点。
- **步幅**：将所选关键帧设置为步幅插值。
- **样条**：将所选关键帧设置为平滑的样条。
- **柔和**：将所选关键帧设置为柔性插值。
- **缓入**：将所选关键帧设置为渐入插值。
- **缓和处理**：将所选关键帧设置为渐入渐出插值。
- **缓出**：将所选关键帧设置为渐出插值。

ⓘ **技巧与提示**

在同样的关键帧之间，曲线的形状不同，最终呈现的动画效果也不同。下面讲解一下它们之间的关系。

图11-8所示为位于z轴的位移动画曲线，两个关键帧之间以一条直线段相连，表示对象沿着z轴做匀速运动。

图11-8

图11-9所示为位于z轴的位移动画曲线，两个关键帧之间以一条向下的抛物线相连，表示对象沿着z轴做加速运动。

图11-9

图11-10所示为位于z轴的位移动画曲线，两个关键帧之间以一条抛物线相连，表示对象沿着z轴做减速运动。

图11-11所示为位于z轴的位移动画曲线，两个关键帧之间由一条S形曲线段相连，表示对象沿着z轴进行先减速后匀速最后加速的运动。

图11-10

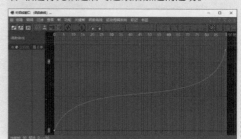

图11-11

通过以上4幅图，可以总结出对象的运动速度与曲线的斜率相关。当曲线的斜率不变时，对象做匀速运动；当曲线斜率逐渐增加时，对象做加速运动；当曲线斜率逐渐减小时，对象做减速运动。

11.2 常见动画类型

本节将讲解Cinema 4D的基础动画技术。通过关键帧和"时间线窗口"，可以制作出一些基础的动画效果。

本节知识点

名称	作用	重要程度
点级别动画	制作对象的变形动画	高
参数动画	记录参数变化	高

11.2.1 课堂案例：动态山水画

实例文件	实例文件 >CH11> 课堂案例：动态山水画
难易指数	★★★★
学习目标	掌握位移动画和参数动画的制作方法

本案例需要对山水画场景制作动态效果，要将位移动画和参数动画相结合，效果如图11-12所示。

图11-12

01 打开本书学习资源文件"实例文件>CH11>课堂案例：动态山水画"中的练习文件，如图11-13所示。

图11-13

02 制作小船位移动画。选中小船模型，然后单击"自动关键帧"按钮，将时间滑块移动到第50帧的位置，接着移动小船到图11-14所示的位置。

图11-14

03 打开"时间线窗口"，将小船的移动曲线都更改为直线，如图11-15所示。

图11-15

04 制作云朵位移动画。同样在第50帧处选中云朵模型，然后将其移动到图11-16所示的位置。

图11-16

05 打开"时间线窗口"，将云朵的移动曲线也转换为直线，如图11-17所示。

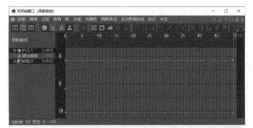

图11-17

06 制作水波动画。选中水面模型，在"置换"变形器中选中"噪波"贴图，如图11-18所示。

图11-18

07 进入"噪波"贴图，设置"动画速率"为1，如图11-19所示。移动时间滑块，就可以观察到水面模型的波动效果，如图11-20所示。

图11-19

图11-20

ⓘ 技巧与提示

"动画速率"参数不需要添加关键帧，只需设置数值就能形成动画效果。

08 制作远山的颜色动画。选中远山模型的材质，在第12帧时设置"颜色"为浅绿色，如图11-21所示。场景效果如图11-22所示。

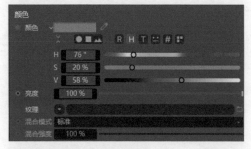

图11-21

图11-22

09 移动时间滑块到第25帧，设置材质的"颜色"为深绿色，如图11-23所示。场景效果如图11-24所示。

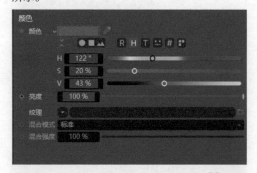

图11-23

图11-24

10 移动时间滑块到第38帧，设置材质的"颜色"为褐色，如图11-25所示。场景效果如图11-26所示。

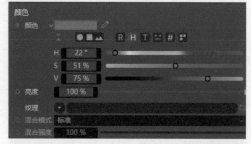

图11-25

图11-26

11 移动时间滑块到第50帧，设置材质的"颜色"为灰色，如图11-27所示。场景效果如图11-28所示。

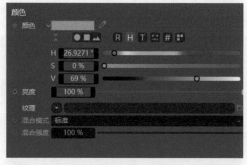

图11-27

图11-28

12 再次单击"自动关键帧"按钮█，随意选择几帧进行渲染，效果如图11-29所示。

图11-29

11.2.2 关键帧动画

在制作动画时，只需要在特定的位置添加关键帧，软件就会自动生成关键帧之间的动画效果。关键帧有很多类型，如位置、旋转、缩放和参数等。合理使用不同类型的关键帧，就能制作出复杂的动画效果。

下面以一个简单的位移动画为例，为读者讲解怎样添加关键帧。

第1步： 选中对象，然后单击"自动关键帧"按钮█，此时可以看到视图窗口的边缘出现了红色线框，代表正在记录关键帧，如图11-30所示。

第2步： 在动画起始位置单击"记录活动对象"按钮█，记录初始的关键帧，如图11-31所示。在时间线上可以看到关键帧的下方出现了一个标记。

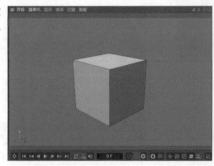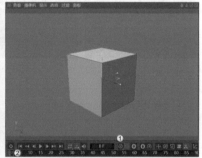

图11-30   图11-31

第3步： 移动时间滑块到动画结束的位置，这里移动到第90帧。移动立方体模型的位置，就可以看到在第90帧的位置自动生成了一个关键帧，如图11-32所示。

第4步： 再次单击"自动关键帧"按钮█，然后单击"向前播放"按钮▶，就可以在视图窗口中观察到动画效果，如图11-33所示。

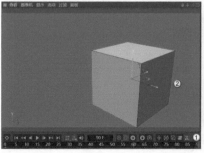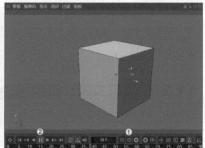

图11-32   图11-33

> ⓘ **技巧与提示**
>
> 读者在练习这一步时，一定要先移动时间滑块的位置，再移动立方体模型，否则会将第0帧的关键帧覆盖。

11.2.3 点级别动画

单击"点级别动画"按钮▦，可以在"点"、"边"或"多边形"模式下制作关键帧动画。点级别动画常用于制作对象的变形效果。

11.2.4 参数动画

在对象的"属性"面板中，可以看到一些参数左侧有一个灰色的菱形按钮，如图11-34所示。

单击灰色的菱形按钮后，按钮变为红色，代表该参数处于动画记录状态，如图11-35所示。

图11-34   图11-35

> ⓘ **技巧与提示**
>
> 当参数处于动画记录状态时，还需要单击"自动关键帧"按钮⬤才能记录动画效果。两者缺一不可，读者需要谨记。

11.3 课后习题

下面通过两个课后习题，复习本章所学的动画知识点。

11.3.1 课后习题：齿轮转动动画

实例文件	实例文件 >CH11> 课后习题：齿轮转动动画
难易指数	★★★
学习目标	掌握旋转关键帧动画的制作方法

本习题制作齿轮模型的转动动画，如图11-36所示。

图11-36

11.3.2 课后习题：走廊灯光动画

实例文件	实例文件 >CH11> 课后习题：走廊灯光动画
难易指数	★★★
学习目标	掌握参数动画的制作方法

本习题为一个科幻走廊场景制作不同颜色的走廊灯光，案例效果如图11-37所示。

图11-37

第 12 章

综合案例实训

　　本章对之前学习的内容进行汇总，带领读者完整制作3个综合案例。这些案例有一定的难度，读者可结合案例教学视频进行学习。

12.1 "双十二"海报

实例位置	实例文件 >CH12> "双十二" 海报
难易指数	★★★★★
学习目标	掌握机械风格场景的制作方法

机械元素常常应用在电商海报的制作中，本案例就是制作一幅机械风格的"双十二"电商海报，案例效果如图12-1所示。

图12-1

12.1.1 模型制作

本案例的模型包括圆台模型、展示牌模型和各种配景模型。本案例中的参数仅供参考，读者可在此基础上自由发挥。

1.圆台模型

01 使用"圆柱体"工具 ⬛圆柱体 在场景中创建一个圆柱体模型，设置"半径"为730cm，"高度"为50cm，"旋转分段"为64，效果及具体参数如图12-2所示。

图12-2

02 将上一步创建的圆柱体模型向上复制一份，然后修改"半径"为550cm，"高度"为80cm，效果及具体参数如图12-3所示。

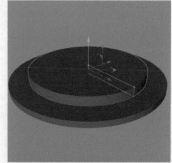

图12-3

03 将圆柱体模型再次向上复制一份，然后修改"半径"为600cm，"高度"为40cm，效果及具体参数如图12-4所示。

图12-4

> ⓘ 技巧与提示
>
> 步骤02和步骤03中的模型也可以使用可编辑对象制作。

04 将上一步创建的圆柱体模型转换为可编辑对象，在"多边形"模式 🔲 中选中图12-5所示的多边形，然后使用"嵌入"工具 🔲 将其向内挤出70cm，效果如图12-6所示。

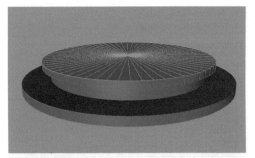

图12-5

图12-6

05 继续使用"嵌入"工具■将其向内挤出25cm和200cm,效果如图12-7所示。

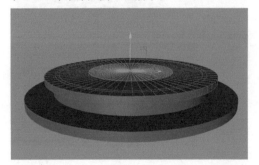

图12-7

06 保持选中的多边形不变,然后使用"挤压"工具■将其向上挤出50cm,效果如图12-8所示。

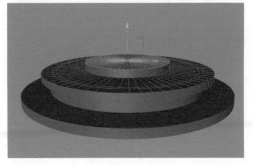

图12-8

07 选中图12-9所示的多边形,然后使用"挤压"工具■将其向上挤出10cm,效果如图12-10所示。

图12-9

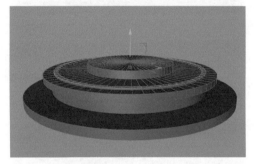

图12-10

08 选中图12-11所示的多边形,使用"嵌入"工具■将其向外挤出-50cm,效果如图12-12所示。

图12-11

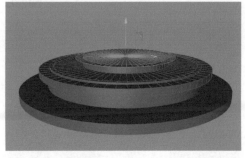

图12-12

09 保持选中的多边形不变，使用"挤压"工具■将其向上挤出30cm，然后使用"嵌入"工具■将其向内分别挤出60cm和70cm，效果如图12-13和图12-14所示。

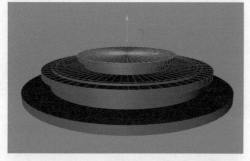

图12-13

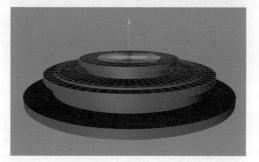

图12-14

10 选中图12-15所示的多边形，然后使用"挤压"工具■将其向下挤出-20cm，效果如图12-16所示。

图12-15

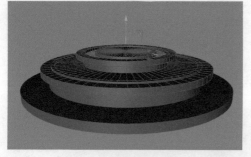

图12-16

11 调整圆台模型的细节，并对模型进行倒角处理，效果如图12-17所示。

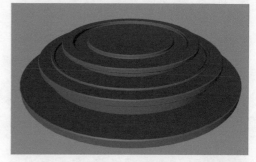

图12-17

12 使用"矩形"工具■■绘制一个"宽度"为200cm，"高度"为80cm，"半径"为20cm的圆角矩形，效果及具体参数如图12-18所示。

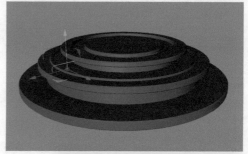

图12-18

13 使用"圆环"工具■■绘制一个"半径"为12cm的圆环，然后使用"扫描"生成器■■对圆环与矩形进行扫描，效果如图12-19所示。

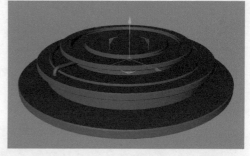

图12-19

14 为扫描对象添加"克隆"生成器 克隆，设置"模式"为"放射"，"数量"为25，"半径"为0cm，效果及具体参数如图12-20所示。

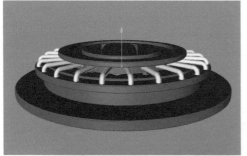

图12-20

15 使用"圆环"工具 圆环 在场景中分别绘制"半径"为580cm和13cm的圆环，然后使用"扫描"生成器 扫描 生成圆环模型，效果如图12-21所示。

图12-21

16 将圆环模型复制一份，修改两个圆环样条的"半径"分别为640cm和14cm，如图12-22所示。

图12-22

2.展示牌模型

01 使用"样条画笔"工具 在场景中绘制展示牌的轮廓，如图12-23所示。

图12-23

02 为上一步绘制的样条添加"挤压"生成器 挤压，设置"移动"为7cm，效果如图12-24所示。

图12-24

03 将展示牌的轮廓复制一份，然后使用"矩形"工具 矩形 绘制一个"宽度"和"高度"都为30cm，"半径"为4cm的圆角矩形，接着使用"扫描"生成器 扫描 生成模型，效果及具体参数如图12-25所示。

图12-25

04 将展示牌轮廓复制一份并放大，然后使用"圆环"工具 ⊙圆环 绘制一个"半径"为18cm的圆环，接着使用"扫描"生成器 ⚡扫描 生成模型，效果及具体参数如图12-26所示。

图12-26

05 将上一步扫描生成的模型复制一份并放大，设置圆环的"半径"为22cm，如图12-27所示。

图12-27

06 使用"圆柱体"工具 ⬛圆柱体 分别创建"半径"为6cm和11cm的圆柱体模型，将两个模型拼合在一起形成吊绳，如图12-28所示。

图12-28

⚠ 技巧与提示

圆柱体模型的高度数值这里不做强制要求，读者可按照个人喜好进行设置。

07 将吊绳复制一份，放在展示牌的另一侧，如图12-29所示。

图12-29

08 使用"文本"工具 🅣文本 在展示牌上创建文本模型，设置"深度"为30cm，"文本样条"为12.12，"字体"为"汉仪铸字卡酷体W"，"高度"为220cm，"水平间隔"为-15cm，效果及具体参数如图12-30所示。

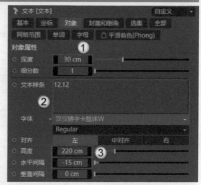

图12-30

3.配景模型

01 使用"立方体"工具 🔩 立方体 创建一个立方体模型，效果及具体参数如图12-31所示。

图12-31

02 为立方体模型添加"克隆"生成器 🔷 克隆 ，设置"模式"为"网格"，"数量"为17、14和1，效果及具体参数如图12-32所示。

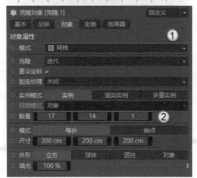

图12-32

03 为"克隆"生成器添加"随机"效果器 🔷 随机 ，设置P.X为20cm，P.Y为20cm，P.Z为35cm，勾选"等比缩放"选项，设置"缩放"为0.7，效果及具体参数如图12-33所示。

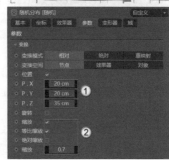

图12-33

04 使用"平面"工具 🔷 平面 在克隆的立方体模型后创建一个平面模型，效果如图12-34所示。

图12-34

05 将平面模型复制一份并旋转一定角度作为地面，效果如图12-35所示。

图12-35

06 使用"圆柱体"工具 📦 圆柱体 、"圆环"工具 ⭕ 圆环 和"扫描"生成器 🖌 扫描 制作地面的装饰物，如图12-36所示。

图12-36

07 使用"样条画笔"工具 ✏ 在克隆的墙面模型前随意绘制样条，如图12-37所示。至此，本案例模型制作完成。

图12-37

12.1.2 环境创建

01 使用"天空"工具 ☁ 天空 在场景中创建一个天空模型，然后按快捷键Shift+F8打开"资产浏览器"面板，选择一个喜欢的HDRI文件，然后将其赋予天空模型。笔者选择了图12-38所示的文件。

图12-38

02 在"对象"面板选中"天空"对象，为其添加"合成"标签 📄 合成 ，然后取消勾选"摄像机可见"选项，如图12-39所示。

图12-39

03 打开"渲染设置"面板，设置"宽度"为1280像素，"高度"为720像素，如图12-40所示。

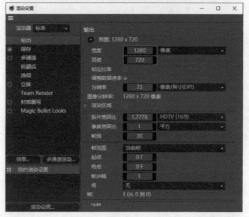

图12-40

04 按快捷键Ctrl+R预览渲染效果，如图12-41所示。

图12-41

12.1.3 材质制作

本案例的材质大多数是金属类材质，制作起来比较简单。

1.黑色材质

01 新建一个默认材质，设置"颜色"为黑色，如图12-42所示。

图12-42

02 在"反射"中添加GGX,设置"粗糙度"为30%,"反射强度"为60%,"菲涅耳"为"绝缘体","预置"为"沥青",如图12-43所示。材质效果如图12-44所示。

图12-43

图12-44

2.黑色金属材质

01 新建一个默认材质,然后取消勾选"颜色"选项,如图12-45所示。

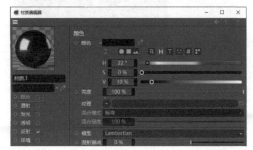

图12-45

02 在"反射"中添加GGX,设置"粗糙度"为10%,"反射强度"为160%,"高光强度"为40%,然后设置"颜色"为深灰色,"菲涅耳"为"导体","预置"为"钢",如图12-46所示。材质效果如图12-47所示。

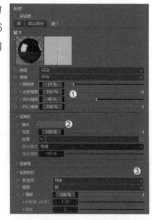

图12-46

图12-47

3.不锈钢材质

01 新建一个默认材质,取消勾选"颜色"选项,如图12-48所示。

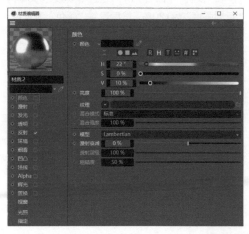

图12-48

02 在"反射"中添加GGX，设置"粗糙度"为25%，"反射强度"为120%，"高光强度"为20%，"菲涅耳"为"导体"，"预置"为"钢"，如图12-49所示。材质效果如图12-50所示。

图12-49　　　　图12-50

4.金色金属材质

01 新建一个默认材质，然后取消勾选"颜色"选项，如图12-51所示。

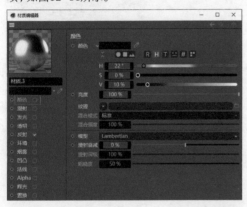

图12-51

02 在"反射"中添加GGX，设置"粗糙度"为30%，"反射强度"为120%，然后设置"颜色"为黄色，"菲涅耳"为"导体"，"预置"为"金"，如图12-52所示。材质效果如图12-53所示。

图12-52　　　　图12-53

5.自发光材质

01 新建一个默认材质，然后勾选"发光"选项，设置"亮度"为100%，如图12-54所示。材质效果如图12-55所示。

图12-54　　　　图12-55

02 将材质赋予场景中的模型，效果如图12-56所示。

图12-56

> ⚠ **技巧与提示**
>
> 　　背景克隆的立方体模型是一个整体，只能为其赋予一种材质。选中"克隆"对象，然后按C键将其转换为可编辑对象后，每一个立方体都将作为其子级，如图12-57所示。
>
>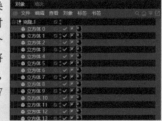
>
> 图12-57
>
> 　　这时可以将不同的材质赋予不同的立方体模型，使其呈现不同的材质效果。读者需要注意的是，克隆的模型被转换为可编辑对象后，不能再调节其参数。

12.1.4 渲染输出

01 按快捷键Ctrl+B打开“渲染设置”面板，切换到“抗锯齿”选项卡，设置“抗锯齿”为“最佳”，“最小级别”为2×2，“最大级别”为4×4，“过滤”为Mitchell，如图12-58所示。

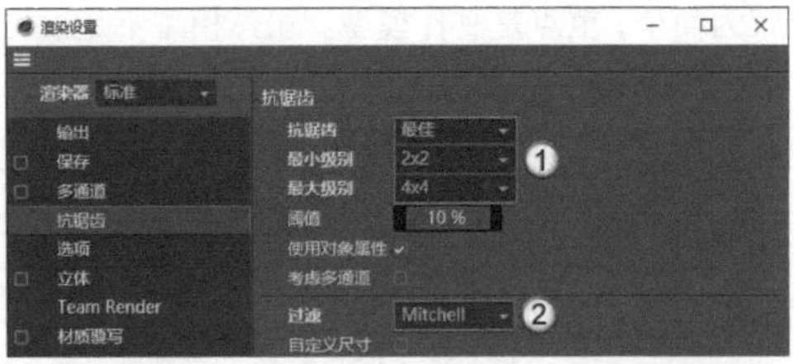

图12-58

02 单击“效果”按钮 效果... 添加“全局光照”选项卡，设置“主算法”和“次级算法”都为“辐照缓存”，如图12-59所示。

图12-59

03 按快捷键Shift+R渲染场景，效果如图12-60所示。

图12-60

12.1.5 后期处理

01 打开Photoshop并导入渲染好的图片，如图12-61所示。

图12-61

02 选中“背景”图层，为其添加“色阶”调整图层，参数设置及效果如图12-62和图12-63所示。

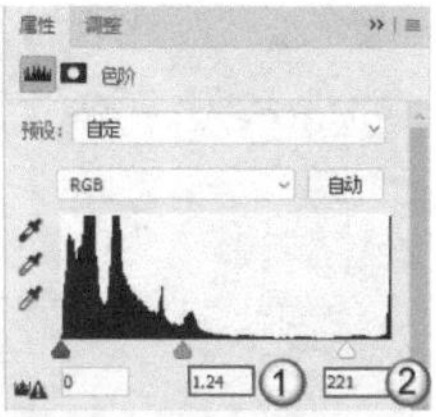

图12-62

图12-63

03 添加“色彩平衡”调整图层，参数设置如图12-64所示，效果如图12-65所示。

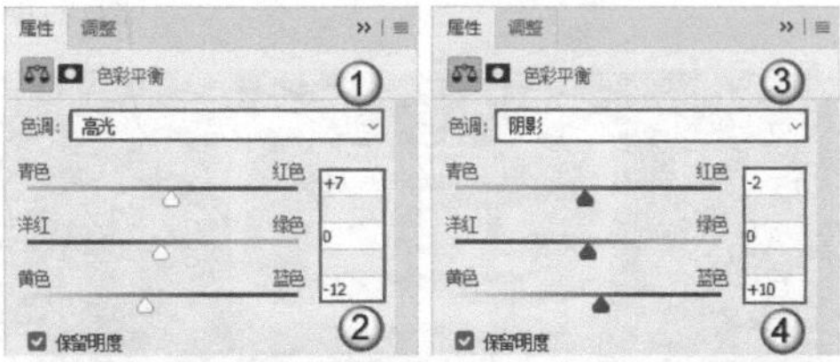

图12-64

图12-65

04 添加"可选颜色"调整图层，参数设置如图12-66所示，效果如图12-67所示。

图12-66

图12-67

05 添加"自然饱和度"调整图层，然后设置参数，如图12-68所示。案例最终效果如图12-69所示。

图12-68

图12-69

> **① 技巧与提示**
>
> 后期处理部分仅供参考，读者也可以在After Effects中使用滤镜快速调色，或导入Firefly中进行智能调整。

12.2 科技芯片

实例位置	实例文件 >CH12> 科技芯片
难易指数	★★★★★
学习目标	掌握科幻风格场景的制作方法

本案例制作一个科技芯片的模型，其材质较为简单，重点是制作模型。虽然模型不是很复杂，但数量较多，如图12-70所示。

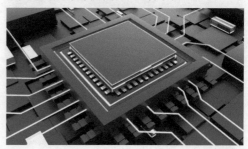

图12-70

12.2.1 模型制作

本案例的芯片模型由芯片、光带和配件等组成。

1.芯片模型

01 使用"立方体"工具 在场景中创建一个立方体模型，效果及具体参数如图12-71所示。

图12-71

02 将创建的立方体模型转换为可编辑对象，在"多边形"模式■中选中图12-72所示的多边形，然后使用"嵌入"工具■将其向内挤出120cm，效果如图12-73所示。

图12-72

图12-73

03 继续使用"嵌入"工具■将其向内分别挤出30cm、40cm和30cm，效果如图12-74所示。

图12-74

04 选中图12-75所示的多边形，然后使用"挤压"工具■将其向下挤出-60cm，效果如图12-76所示。

图12-75

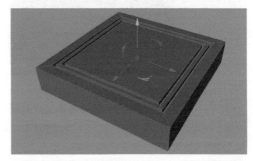

图12-76

05 在"点"模式■中选中图12-77所示的点，然后将其向下移动一段距离，效果如图12-78所示。

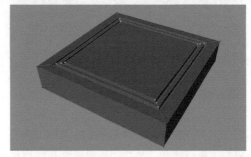

图12-77

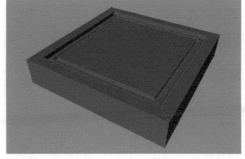

图12-78

06 使用"立方体"工具，在场景中创建一个小的立方体模型，效果及具体参数如图12-79所示。

图12-79

07 将上一步创建的小立方体模型转换为可编辑对象，使用"循环/路径切割"工具，在模型上添加4条循环线，效果如图12-80所示。

图12-80

08 在"多边形"模式中选中图12-81所示的多边形，然后使用"挤压"工具将其向内挤出-8cm，效果如图12-82所示。

图12-81

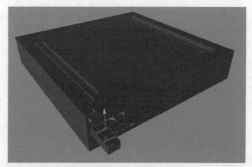

图12-82

09 在"点"模式中调整缝隙间的距离，效果如图12-83所示。

图12-83

10 为小立方体模型添加"克隆"生成器，设置"模式"为"线性"，"数量"为9，"位置.X"为175cm，效果及具体参数如图12-84所示。

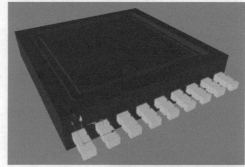

图12-84

⑪ 将克隆的模型复制3份，然后分别摆放在大立方体模型的3个面，效果如图12-85所示。

图12-85

⑫ 选中大立方体模型，然后对其边缘进行倒角处理，效果如图12-86所示。

图12-86

⑬ 使用"立方体"工具 在场景中创建一个立方体模型，效果及具体参数如图12-87所示。

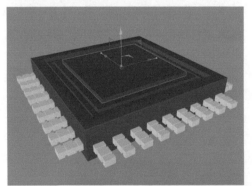

图12-87

⑭ 使用"立方体"工具 创建一个小立方体模型，效果及具体参数如图12-88所示。

图12-88

⑮ 将小立方体模型转换为可编辑对象，然后对其外侧的边缘进行倒角处理，效果如图12-89所示。

图12-89

⑯ 克隆小立方体模型，并将克隆的模型排列在立方体模型的表面，效果如图12-90所示。

图12-90

ⓘ 技巧与提示

克隆的方法与之前类似，这里不再赘述。

---

17 使用"立方体"工具 ⬚立方体 在上方创建一个立方体模型,效果及具体参数如图12-91所示。

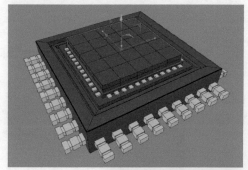

图12-91

18 将上一步创建的立方体模型转换为可编辑对象,在"多边形"模式 ▣ 中选中其侧面的多边形,如图12-92所示。

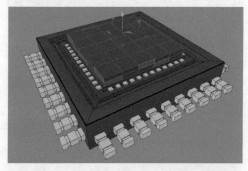

图12-92

19 使用"嵌入"工具 ▣ 将选中的多边形向内收缩10cm,然后使用"挤压"工具 ▣ 将其向内挤出-15cm,效果如图12-93和图12-94所示。

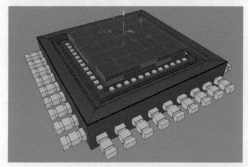

图12-93

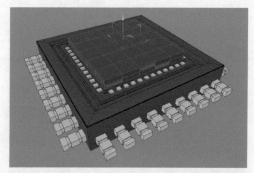

图12-94

2.光带模型

01 使用"立方体"工具 ⬚立方体 创建一个立方体模型,效果及具体参数如图12-95所示。

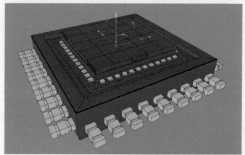

图12-95

02 为上一步创建的立方体模型添加"晶格"生成器 ⬚晶格,设置"圆柱半径"和"球体半径"都为2cm,效果及具体参数如图12-96所示。

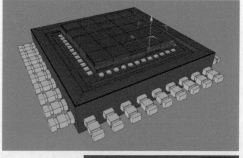

图12-96

03 使用"样条画笔"工具 ❷在芯片模型的四周绘制光带路径，效果如图12-97所示。

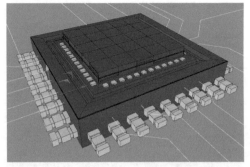

图12-97

04 使用"矩形"工具 □ ￭ᵀ在场景中绘制一个"宽度"为10cm，"高度"为1cm的矩形样条，然后使用"扫描"生成器 ❧ ᵀᵀ生成光带模型，效果如图12-98所示。

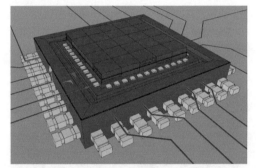

图12-98

3.配件模型

01 使用"立方体"工具 ❖ ᵀᵀᵀᵀ在场景中创建一个立方体模型，效果及具体参数如图12-99所示。

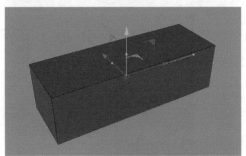

图12-99

02 将立方体模型转换为可编辑对象，然后选中所有的多边形，使用"嵌入"工具 ❪将其向内挤出8cm，效果如图12-100所示。

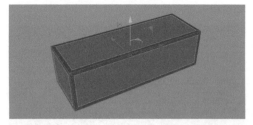

图12-100

03 保持选中的多边形不变，然后使用"挤压"工具 ❺将其向内挤出−8cm，效果如图12-101所示。

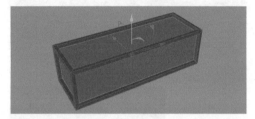

图12-101

04 为立方体模型添加"克隆"生成器 ❖ ᵀᵀ，设置"模式"为"网格"，"数量"分别为5、1和5，"尺寸"分别为1000cm、200cm和1000cm，效果及具体参数如图12-102所示。

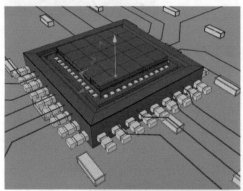

图12-102

05 为"克隆"生成器添加"随机"效果器 ![随机]，设置P.X为500cm，P.Z为800cm，勾选"等比缩放"选项，设置"缩放"为0.5，效果及具体参数如图12-103所示。

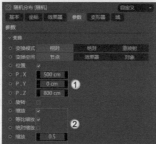

图12-103

06 使用"立方体"工具 ![立方体] 在场景中创建多个不同大小的立方体模型，再将它们放在场景中的空白位置，如图12-104所示。

　图12-104

07 使用"平面"工具 ![平面] 在场景中创建一个平面模型，位置如图12-105所示。

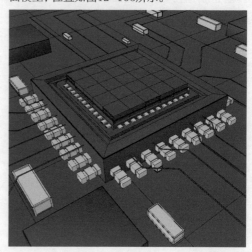

图12-105

08 使用"立方体"工具 ![立方体] 在场景中创建一个立方体模型，效果及具体参数如图12-106所示。

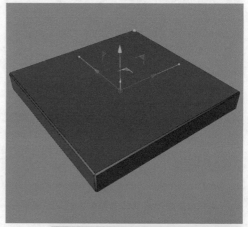

图12-106

09 为模型添加"克隆"生成器 ![克隆]，设置"模式"为"网格"，效果及具体参数如图12-107所示。

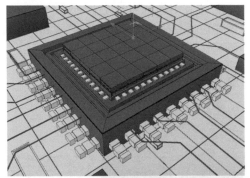

图12-107

⑩ 为克隆的模型添加"随机"效果器 ⊠ 随机，效果及具体参数如图12-108所示。

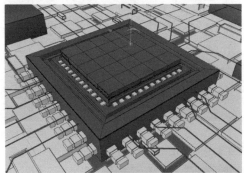

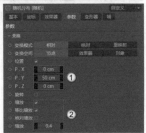

图12-108

12.2.2 环境创建

01 使用"天空"工具 ☯ 天空 在场景中创建一个天空模型，然后按快捷键Shift+F8打开"资产浏览器"面板，选择一个喜欢的HDRI文件，然后将其赋予天空模型。笔者选择了图12-109所示的文件。

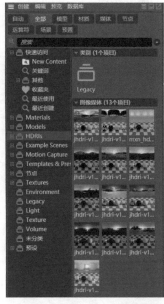

图12-109

02 在"对象"面板选中"天空"对象，为其添加"合成"标签 ▦ 合成，然后取消勾选"摄像机可见"选项，如图12-110所示。

图12-110

03 打开"渲染设置"面板，设置"宽度"为1280像素，"高度"为720像素，然后按快捷键Ctrl+R预览渲染效果，如图12-111所示。

图12-111

12.2.3 材质制作

本案例的材质很少，只有磨砂塑料、金属和自发光3种。

1.磨砂塑料

01 新建一个默认材质，设置"颜色"为深灰色，如图12-112所示。

图12-112

02 在"反射"中添加GGX，设置"粗糙度"为40%，"反射强度"为70%，"菲涅耳"为"绝缘体"，"预置"为"聚酯"，如图12-113所示。材质效果如图12-114所示。

图12-113   图12-114

2.金属材质

01 新建一个默认材质，设置"颜色"为蓝色，如图12-115所示。

图12-115

02 在"反射"中添加GGX，设置"粗糙度"为10%，"菲涅耳"为"导体"，"预置"为"钢"，如图12-116所示。材质效果如图12-117所示。

图12-116   图12-117

3.自发光材质

01 新建一个默认材质，在"发光"选项卡中设置"颜色"为紫色，"亮度"为200%，如图12-118所示。

图12-118

02 勾选"辉光"选项，设置"内部强度"为0%，"外部强度"为80%，"半径"为10cm，"随机"为50%，如图12-119所示。材质效果如图12-120所示。

图12-119   图12-120

03 将材质赋予场景中的模型，效果如图12-121所示。

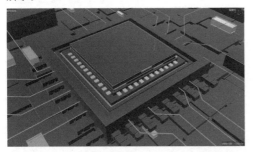

图12-121

12.2.4 渲染输出

01 按快捷键Ctrl+B打开"渲染设置"面板，在"抗锯齿"选项卡中设置"抗锯齿"为"最佳"，"最小级别"为2×2，"最大级别"为4×4，"过滤"为Mitchell，如图12-122所示。

图12-122

02 单击"效果"按钮 效果，添加"全局光照"选项卡，设置"主算法"和"次级算法"都为"辐照缓存"，如图12-123所示。

图12-123

03 按快捷键Shift+R渲染场景，效果如图12-124所示。

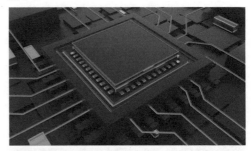

图12-124

12.2.5 后期处理

01 打开Photoshop，导入渲染好的图片，如图12-125所示。

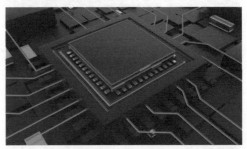

图12-125

02 添加"色阶"调整图层，参数设置如图12-126所示，效果如图12-127所示。

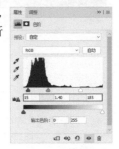

图12-126

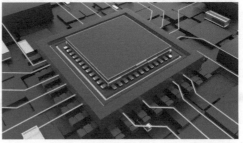

图12-127

03 添加"色彩平衡"调整图层,参数设置如图12-128所示,效果如图12-129所示。

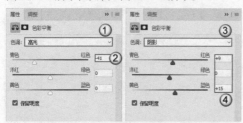

图12-128

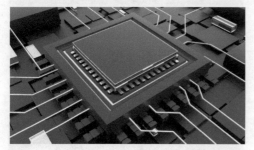

图12-129

04 添加"渐变映射"调整图层,设置渐变颜色为"黑-白",如图12-130所示。设置图层混合模式为"叠加","不透明度"为32%,如图12-131所示,效果如图12-132所示。

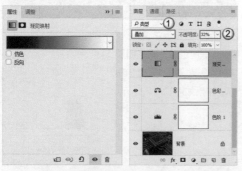

图12-130　　　　图12-131

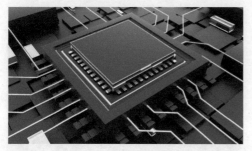

图12-132

05 添加"亮度/对比度"调整图层,参数设置如图12-133所示,效果如图12-134所示。

图12-133

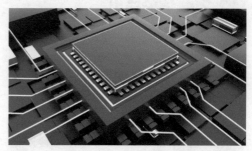

图12-134

06 添加"可选颜色"调整图层,参数设置如图12-135所示。案例最终效果如图12-136所示。

图12-135

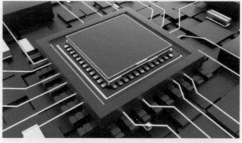

图12-136

12.3 | 工厂流水线

实例位置	实例文件 >CH12> 工厂流水线
难易指数	★★★★★
学习目标	掌握流水线场景的制作方法

流水线模型的制作看似简单，但因模型数量较多所以制作起来也较为烦琐。本案例制作一个相对简单的工厂流水线模型，如图12-137所示。

图12-137

12.3.1 模型制作

本案例中的参数仅供参考，读者可在此基础上自由发挥。

1.装置1

01 使用"立方体"工具 在场景中创建一个立方体模型，效果及具体参数如图12-138所示。

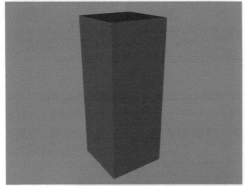

图12-138

02 将立方体模型转换为可编辑对象，然后在"边"模式 中使用"循环/路径切割"工具 添加两条边，效果如图12-139所示。

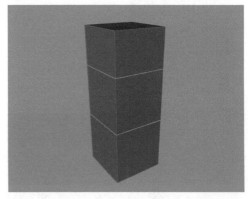

图12-139

03 在"多边形"模式 中选中图12-140所示的多边形，然后使用"挤压"工具 将其向外挤出200cm，效果如图12-141所示。

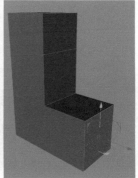

图12-140   图12-141

04 在"边"模式 中选中外侧的轮廓边，然后使用"倒角"工具 进行倒角处理，效果如图12-142所示。

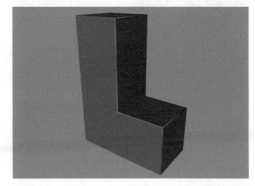

图12-142

05 使用"管道"工具 管道 在模型顶端创建一个管道模型，效果及具体参数如图12-143所示。

图12-143

06 将管道模型向上复制一个，然后修改其参数，效果及具体参数如图12-144所示。

图12-144

07 使用"圆锥体"工具 圆锥体 在管道模型上方创建一个圆锥体模型，效果及具体参数如图12-145所示。

图12-145

08 将上一步创建的圆锥体模型转换为可编辑对象，在"多边形"模式 中选中图12-146所示的多边形，然后使用"嵌入"工具 将其向内挤出10cm，效果如图12-147所示。

图12-146   图12-147

09 使用"挤压"工具 将多边形向下挤出-170cm，然后使用"缩放"工具 将其缩小，效果如图12-148所示。

10 选中圆锥模型的边，然后使用"倒角"工具 对其进行倒角处理，效果如图12-149所示。

图12-148   图12-149

11 使用"立方体"工具 立方体 在场景中创建一个小立方体模型，将其摆放在模型左侧，效果及具体参数如图12-150所示。

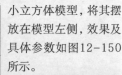

图12-150

⑫ 将立方体模型向下复制一份并缩小，效果如图12-151所示。

图12-151

⑬ 使用"矩形"工具 ▭矩形 在场景中创建一个"宽度"和"高度"都为100cm，"半径"为10cm的矩形样条，效果及具体参数如图12-152所示。

图12-152

⑭ 使用"圆环"工具 ○圆环 创建一个"半径"为2cm的圆环，然后使用"扫描"生成器 ✎扫描 生成模型，如图12-153所示。

图12-153

⑮ 使用"圆环面"工具 ⊙圆环面 创建一个圆环模型，效果及具体参数如图12-154所示。

图12-154

⑯ 将圆环模型复制一份，并将其放在矩形的另一端，如图12-155所示。

⑰ 使矩形和圆环模型成组，然后将其向下复制两份，效果如图12-156所示。

图12-155   图12-156

⑱ 使用"文本"工具 ✎文本 创建文本模型，具体参数如图12-157所示，模型效果如图12-158所示。

图12-157

图12-158

19 使用"矩形"工具  在模型下方创建一个矩形样条,效果及具体参数如图12-159所示。

图12-159

20 使用"圆环"工具 ⊙ 圆环 创建一个"半径"为20cm的圆环样条,然后使用"扫描"生成器 ⚡扫描 对其与矩形进行扫描,模型效果如图12-160所示。

21 复制两个圆环模型并将它们适当放大,再将它们放在上一步生成的模型的两端,效果如图12-161所示。

图12-160

图12-161

22 使用"球体"工具 ● 球体 创建一些小的半球体模型,将它们放在模型表面作为装饰,效果如图12-162所示。

图12-162

2.装置2

01 使用"立方体"工具 ⬛ 立方体 在装置1模型的右侧创建一个立方体模型,效果及具体参数如图12-163所示。

图12-163

02 将立方体模型向上复制一份并调整其参数,效果及具体参数如图12-164所示。

图12-164

> ⓘ **技巧与提示**
>
> 对相似的模型进行修改,可以提高制作效率。

03 将半球体模型复制4个,然后将它们放在上一步制作的模型的前侧,效果如图12-165所示。

图12-165

04 使用"矩形"工具 □ 矩形 在模型前侧创建一个矩形样条,效果及具体参数如图12-166所示。

图12-166

05 继续使用"矩形"工具 □ 矩形 创建一个小的矩形样条,然后使用"扫描"生成器 ✎ 扫描 对其与之前创建的矩形样条进行扫描,效果如图12-167所示。

06 使用"圆柱体"工具 ◉ 圆柱体 和"球体"工具 ◉ 球体 制作一个手柄模型,效果如图12-168所示。

图12-167　　　　　图12-168

> **技巧与提示**
>
> 　手柄模型的制作非常简单,这里就不列举具体参数了,读者可自行发挥。

07 将手柄模型和扫描得到的模型复制一份,放置位置如图12-169所示。

图12-169

3.装置3

01 将装置2的大立方体模型向右复制一份并修改其参数,效果及具体参数如图12-170所示。

图12-170

02 将立方体模型转换为可编辑对象,然后在"边"模式 ◉ 中选中图12-171所示的边。

03 使用"缩放"工具 ◉ 将选中的边向内收缩,效果如图12-172所示。

图12-171　　　　　图12-172

04 为模型添加"细分曲面"生成器 ◉ 细分曲面 ,此时模型变得过于圆滑,失去了很多细节,如图12-173所示。

05 返回"边"模式 ◉ ,使用"循环/路径切割"工具 ◉ 循环/路径切割 为模型添加循环分段线,使模型既有圆滑效果,又保留了较多细节,效果如图12-174所示。

图12-173　　　　　图12-174

4.装置4

01 使用"立方体"工具 立方体 在右侧创建一个立
方体模型，效果及具体
参数如图12-175所示。

图12-175

02 将立方体模型转换为可编辑对象，然后在
"边"模式 中使用"循环/路径切割"工具
循环/路径切割 在模型
上添加一条分段
线，如图12-176
所示。

图12-176

03 在"多边形"模式 中选中图12-177所示的
多边形，然后使用"挤压"工具 将其向下挤出
200cm，效果如图12-178所示。

图12-177　　　　　　　图12-178

04 继续使用"循环/路径切割"工具 循环/路径切割 在挤出
的模型上添加一
条分段线，效果如
图12-179所示。

图12-179

05 选中图12-180所示的多边形，然后使用"挤
压"工具 将其向左挤出140cm，效果如图12-
181所示。

图12-180　　　　　　　图12-181

06 在"边"模式 中选中模型的外轮廓，然后使用
"倒角"工具 进行倒角处理，效果如图12-182所示。

07 使用"立方体"工具 立方体 在场景中创建一些
小立方体模型，并将它们摆放在装置4模型表
面，效果如图12-183所示。

图12-182　　　　　　　图12-183

08 使用"立方体"工具 立方体 创建一些长条模型，
并将它们摆放在装置4模型的表面，效果如图
12-184所示。

09 将装置1中扫描生成的模型复制到装置4模型
上，并修改其大小，效果如图12-185所示。

图12-184　　　　　　　图12-185

10 使用"样条画笔"工具 在装置4模型前侧绘
制一段弯曲的样条，效
果如图12-186所示。

图12-186

11 使用"圆环"工具 ○ 圆环 创建一个"半径"为35cm的圆环，然后使用"扫描"生成器 ✗ 扫描 对其与上一步绘制的样条进行扫描，模型效果如图12-187所示。

12 将装置1中的圆环模型复制一份并放在管道模型的底部，效果如图12-188所示。

图12-187　　　　　　　　图12-188

13 在管道内创建3个大小不等的球体，然后使用"融球"生成器 ✗ 融球 生成粘连的液体模型，效果如图12-189所示。

图12-189

> (!) 技巧与提示
>
> "融球"生成器 ✗ 融球 的"编辑器细分"数值切忌设置得太小，否则容易导致软件卡死甚至崩溃。

5.装置5

01 使用"圆柱体"工具 圆柱体 创建一个圆柱体模型，效果及具体参数设置如图12-190所示。

图12-190

02 将圆柱体模型转换为可编辑对象，然后对圆柱体模型的顶部进行倒角处理，效果如图12-191所示。

03 使用"圆柱体"工具 圆柱体 在装置3和装置5的模型之间创建一个圆柱体模型，效果如图12-192所示。

图12-191　　　　　　　　图12-192

04 使用"圆柱体"工具 圆柱体 在装置5模型上创建一个小圆柱体模型，效果如图12-193所示。

05 将装置5模型复制一份，并使复制的模型与装置1模型相连接，效果如图12-194所示。

图12-193　　　　　　　　图12-194

06 使用"样条画笔"工具 ✎ 在两个罐体模型上绘制一条管道路径，效果如图12-195所示。

07 使用"圆环"工具 ○ 圆环 绘制一个"半径"为10cm的圆环，然后使用"扫描"生成器 ✗ 扫描 对其与上一步绘制的样条进行扫描，模型效果如图12-196所示。

图12-195　　　　　　　　图12-196

08 对模型的细节进行优化，案例最终效果如图12-197所示。

图12-197

12.3.2 灯光与环境创建

本案例需要为场景创建一盏灯光和环境光源。

1.灯光

01 使用"灯光"工具 在场景中创建一盏灯光，位置如图12-198所示。

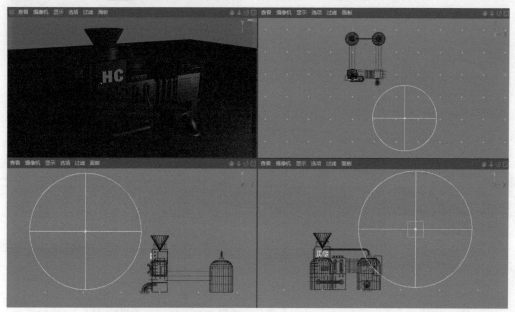

图12-198

02 选中创建的灯光，在"常规"选项卡中设置"投影"为"区域"，如图12-199所示。

图12-199

03 在"细节"选项卡中设置"衰减"为"平方倒数（物理精度）"，"半径衰减"为732.0545cm，如图12-200所示。

图12-200

04 按快捷键Shift+R渲染场景，效果如图12-201所示。

图12-201

2.环境光源

01 使用"天空"工具 在场景中创建一个天空模型，然后为天空模型添加"合成"标签，取消勾选"摄像机可见"选项，如图12-202所示。

图12-202

02 按快捷键Shift+F8打开"资产浏览器"面板，选择一个喜欢的HDRI文件，将其赋予天空模型。笔者选择了图12-203所示的文件。

图12-203

03 按快捷键Ctrl+R预览灯光效果，如图12-204所示。

图12-204

12.3.3 材质制作

01 在"材质"面板创建一个默认材质，设置"颜色"为浅蓝色，如图12-205所示。

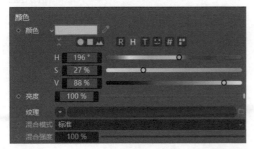

图12-205

02 在"反射"中添加GGX，设置"粗糙度"为25%，"反射强度"为80%，"菲涅耳"为"绝缘体"，如图12-206所示。材质效果如图12-207所示。

图12-206　　　　图12-207

03 在"材质"面板将蓝色材质复制一份，修改"颜色"为浅粉色，如图12-208所示。材质效果如图12-209所示。

图12-208　　　　图12-209

04 在"材质"面板将蓝色材质复制一份，修改"颜色"为黄色，如图12-210所示。材质效果如图12-211所示。

图12-210　　　　图12-211

05 在"材质"面板将蓝色材质复制一份，修改"颜色"为白色，如图12-212所示。材质效果如图12-213所示。

图12-212　　　　图12-213

06 在"材质"面板将蓝色材质复制一份，修改"颜色"为浅蓝色，如图12-214所示。材质效果如图12-215所示。

图12-214　　　　图12-215

07 在"材质"面板新建一个默认材质，然后勾选"透明"选项，设置"折射率预设"为"玻璃"，如图12-216所示。

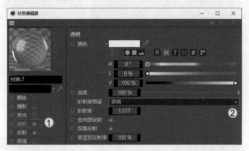

图12-216

08 在"反射"中添加GGX，设置"粗糙度"为1%，"菲涅耳"为"绝缘体"，"预置"为"玻璃"，如图12-217所示。材质效果如图12-218所示。

图12-217　　　　图12-218

09 将材质依次赋予场景中的模型，效果如图12-219所示。

图12-219

12.3.4　渲染输出

01 按快捷键Ctrl+B打开"渲染设置"面板，在"输出"选项卡中设置"宽度"为1280像素，"高度"为720像素，如图12-220所示。

图12-220

02 切换到"抗锯齿"选项卡，设置"抗锯齿"为"最佳"，"最小级别"为2×2，"最大级别"为4×4，"过滤"为Mitchell，如图12-221所示。

图12-221

03 单击"效果"按钮 效果… 添加"全局光照"选项卡，设置"主算法"和"次级算法"都为"辐照缓存"，如图12-222所示。

图12-222

04 按快捷键Shift+R渲染场景，效果如图12-223所示。

图12-223

12.3.5 后期处理

01 打开Photoshop，导入渲染好的图片，如图12-224所示。

图12-224

02 添加"色阶"调整图层，参数设置如图12-225所示，效果如图12-226所示。

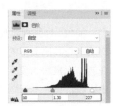

图12-225

图12-226

03 添加"亮度/对比度"调整图层，参数设置如图12-227所示，效果如图12-228所示。

图12-227

图12-228

04 添加"可选颜色"调整图层，参数设置如图12-229所示，效果如图12-230所示。

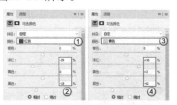

图12-229

图12-230

05 添加"自然饱和度"调整图层，参数设置如图12-231所示，效果如图12-232所示。

图12-231

图12-232

06 新建一个图层，并设置填充色为黑色，然后执行"滤镜>渲染>镜头光晕"菜单命令，在弹出的对话框中设置相关参数，如图12-233所示。

图12-233

07 单击"确定"按钮 确定 后的效果如图12-234所示。设置图层的混合模式为"滤色","不透明度"为20%，案例最终效果如图12-235所示。

图12-234

图12-235

图12-236

12.4 课后习题

下面通过两个课后习题，综合练习本章所学的知识点。

12.4.1 课后习题：趣味网页办公场景

实例位置	实例文件 >CH12> 课后习题：趣味网页办公场景
难易指数	★★★★
学习目标	掌握体素风格场景的制作方法

本习题制作一个趣味网页办公场景模型，效果如图12-236所示。

12.4.2 课后习题：渐变噪波球

实例位置	实例文件 >CH12> 课后习题：渐变噪波球
难易指数	★★★★
学习目标	掌握抽象、夸张视觉风格场景的制作方法

抽象、夸张视觉风格的效果图在模型造型和材质上与其他类型的场景区别较大。使用的材质在制作上也较为复杂，半透明和自发光效果在其中比较常见。本习题制作一个抽象模型的视觉效果图，如图12-237所示。

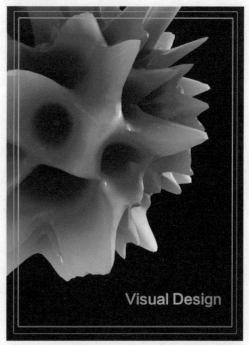

图12-237